河南省科学技术协会科普出版资助·科普中原书系

叩问疾病揭秘健康科普丛书

河南省医学会组织编写

丛书主编 刘章锁 王 伟

# 心理学知多少

名誉主编 李凌江

本册主编 李淑英

郑州大学出版社

**图书在版编目(CIP)数据**

心理学知多少 / 李淑英主编. — 郑州 : 郑州大学出版社, 2023.5
ISBN 978-7-5645-8491-7

Ⅰ. ①心… Ⅱ. ①李… Ⅲ. ①心理学 - 通俗读物 Ⅳ. ①B84-49

中国版本图书馆 CIP 数据核字(2022)第 005936 号

**心理学知多少**
XINLIXUE ZHI DUOSHAO

| | | | |
|---|---|---|---|
| 策划编辑 | 李龙传　杨　鹏 | 封面设计 | 曾耀东 |
| 责任编辑 | 李龙传　杨　鹏 | 版式设计 | 曾耀东 |
| 责任校对 | 刘　莉 | 责任监制 | 李瑞卿 |
| 出版发行 | 郑州大学出版社 | 地　　址 | 郑州市大学路 40 号(450052) |
| 出 版 人 | 孙保营 | 网　　址 | http://www.zzup.cn |
| 经　　销 | 全国新华书店 | 发行电话 | 0371-66966070 |
| 印　　刷 | 河南文华印务有限公司 | | |
| 开　　本 | 710 mm×1 010 mm　1 / 16 | | |
| 印　　张 | 12.25 | 字　　数 | 166 千字 |
| 版　　次 | 2023 年 5 月第 1 版 | 印　　次 | 2023 年 5 月第 1 次印刷 |
| 书　　号 | ISBN 978-7-5645-8491-7 | 定　　价 | 59.00 元 |

# 编写委员会

叩问疾病揭秘健康科普丛书

名誉主编　阚全程

主　　编　刘章锁　王　伟

编　　委　（以姓氏笔画为序）

于建斌　王广科　刘宏建　刘章锁
孙同文　李修岭　谷元廷　宋永平
张凤妍　张守民　张国俊　张祥生
张瑞玲　陈小兵　郑鹏远　赵洛沙
秦贵军　高　丽　郭瑞霞　黄改荣
曹选平　董建增　滕军放

秘　　书　刘东伟　潘少康

办公室

主　　任　王　伟

副 主 任　崔长征　胡建平

牵头单位　河南省医学会
河南省医学会医学科学
普及分会第四届委员会

# 本册编写委员会

心理学知多少


**名誉主编** 李凌江 中南大学精神卫生研究所

**主　　编** 李淑英 郑州大学第一附属医院

**编　　委** （以姓氏笔画为序）

马　云 北京安定医院
马芹颖 河北医科大学第一医院
王艺明 贵州医科大学附属医院
王亚丽 郑州大学第一附属医院
王春雪 北京天坛医院
王晓萍 武汉大学人民医院
王铭维 河北医科大学第一医院
王源莉 郑州大学第一附属医院
师　乐 北京大学第六医院
吕培培 郑州大学第一附属医院
刘志芬 山西医科大学第一医院
杜亚松 上海市精神卫生中心
李　洁 天津安定医院
李飞燕 海南省人民医院
张　兰 兰州大学第二医院

陈　策　西安交通大学第一附属医院
宓为峰　北京大学第六医院
赵幸福　无锡市精神卫生中心
贾艳滨　暨南大学第一附属医院
徐广明　天津安定医院
郭慧荣　郑州大学第一附属医院

**编写秘书**

王亚丽　郑州大学第一附属医院

# 序言



健康不仅指无身体疾病，还指无心理疾病。随着社会经济的快速发展，互联网时代人们生活节奏的加快，压力的增大和心理应激事件的增多，各种心理问题和精神疾病的发病率日益增高，已严重影响现代人的生活质量。

而当下公众对心理问题和精神疾病的防治知识普遍缺乏，此外，受到传统文化的影响，情绪障碍患者常常会被贴上“思想问题”、“意志脆弱”、“不坚强”等负面标签，影响患者的主动就医。

2016年，国家卫计委、中宣部等22部门印发了《关于加强心理健康服务的指导意见》，首次全面提出了加强心理健康服务的具体措施，提出应全面深入地开展精神卫生知识的科普宣传，引导公众关注个人健康，学会心理调适，主动寻求帮助。《“健康中国2030”规划刚要》将卫生事业的工作重点从以疾病防治为导向，转为以促进健康为导向，将健康知识的科普重要性提高到一个新的高度。

为传播精神心理科学知识，预防心理疾病的发生和减少心理疾病的危害，编写了这本《心理学知多少》科普读物，专家们在广泛收集国内外资料的基础上，综合各自多年丰富的临床经验，以问答的形式介绍了临床上常见精神疾病的各个方面问题，涵盖了如何识别常见的精神疾病，常见疾病的典型案例症状分析，如何早期识别、如何预防、如何规范完成全病程管理，如何正确对待精神科药物治疗和心理治疗，如何预防精神疾病复发等，这些问题都是专家们在与精神心理患者长期工作的经验中甄选出来的，能够解答患者和家属对精神心理疾病的诸多困惑，也能够让更多的普通人群了解更多专业的精神卫生知识。本书形式新颖，内容科学，语言通俗易懂，案例生动形象，显示了作者们扎实的专业功底和深厚的人文关怀，是医学科普书籍难得的典范。

本书的出版将有利于广大的普通读者和患者及家属了解各种精神心理障碍相关知识和应对策略，缓解对精神心理疾病的恐惧和焦虑心态，做到正确的预防和规范治疗。

中国医师协会精神科医师分会会长　王高华

2023 年 5 月

# 目录

心理学知多少

# 一、精神疾病相关概念

## 1 什么是精神疾病？

精神疾病是指各种临床症状组成的综合征，其表现为人们在认知、情绪调节、行为调控等方面医学层面上功能紊乱，简单说就是人们的心理、精神出现异常。它能引起实际意义上的痛苦，主要表现在生活、工作、交际等方面的问题。如当人们患有抑郁症时，会影响我们的工作能力，导致工作方面的失误，也可以影响学生的注意力、记忆力，导致学习成绩下降，还会影响人们的生活积极性，不愿出门，不愿与人交往，等等。这种心理精神异常表现要达到一定的标准，医学上才诊断为精神疾病，精神疾病的严重程度大部分取决于对日常生活和工作的影响程度。

精神疾病从专业角度分为重性精神疾病和常见精神疾病等。人们常说的精神病是指重性精神病，大概指俗话说的“疯子”“疯癫”等，如最常见的精神分裂症、双相情感障碍等。它是一组由不同原因引起的大脑功能紊乱的严重精神障碍，在临床上可表现为认知、情绪或行为方面的异常，如会出现胡言乱语、怪异行为、严重者会冲动伤自伤人等。精神疾病还包括抑郁症、人格障碍、焦虑障碍、多动症等。但还有一些达不到疾病标准，却需要我们关注的问题，比如家庭暴力、网络游戏障碍等。随着社会的发展，人们压力的与日俱增，人们的精神心理大多属于亚健康状态，但由于我们社会对精神心理疾病的不了解及对它抱有歧视的态度，导致我们往往忽略了心理健康问题，以至于逐渐发展成疾病。

目前医学上常用的精神障碍分类标准系统分为三种：中国精神疾病分类方案与诊断标准（CCMD-3）、精神障碍诊断与统计手册（DSM-5）和国际疾病分类（ICD-11）。长期以来我们日常临床工作中常用的是第一种，用于指导我们的诊断和治疗。

（赵幸福）

## 2 精神疾病的病因有哪些？

精神疾病的病因是什么呢？大部分人都有同样的疑问。精神障碍是一类病因复杂的疾病，目前医学界对于精神疾病明确病因与发病机制不十分清楚。目前的研究发现精神疾病是遗传基因、生物、心理、社会文化、环境等因素相互作用的结果，但主要与遗传因素有关。这些影响精神疾病的多种病因间存在什么关系呢？为什么同样具有基因缺陷的人有人发病而另一些人却不发病？为什么面对同样的挫折有的人出现异常而另一些人泰然自若？对于某些精神疾病来说，如精神发育障碍、孤独症、多动症，其主要原因是神经发育问题；脑部肿瘤、炎症、精神活性物质的滥用所致的精神障碍，都是疾病本身引起脑部功能紊乱所致；另一部分原因复杂，是多种原因综合的结果。如精神分裂症及其他精神病性障碍、双相情感障碍等，还有一部分是心理应激因素为主，如焦虑障碍、惊恐障碍、应激障碍。

但精神疾病的病因主要归于两大类:一是生物学因素,二是社会心理学因素。生物学因素通俗地说就是与遗传、神经发育、感染、躯体疾病、创伤、营养不良、毒物等相关。如遗传,当与我们有血缘关系的亲属中有人有精神分裂症病史,相对的我们患精神疾病的风险较其他正常人高。在日常生活中我们经常会看到一些“傻子”,医学上称为神经发育迟滞的患者,或多或少都会带有一些精神或是情绪方面的问题,其原因主要是大脑(神经系统)发育出现缺陷,大脑功能不完善造成的。当我们长大成人后,也会出现精神症状或是智能下降的情况,这大部分原因是本身患有其他躯体疾病,如感染、肝脏及肾脏的疾病等。除了身体本身原因导致的精神疾病,外界的应激因素也会加大患病风险,如日常生活中的应激事件:失恋、亲属去世、生活环境突然转变等,都会导致抑郁、焦虑情绪的加重。家庭环境、工作压力、人际交往等因素也会导致精神疾病风险增加。

(赵幸福)

## 3 精神疾病的常见症状有哪些?

精神疾病是以精神心理活动异常为主要表现的一大类疾病。这些精神活动异常的具体临床表现,医学上称之为精神症状。精神症状在精神疾病中都是组合出现,极少患者会表现单一的精神症状。如抑郁症,其主要的核心症状是情绪低落,但还表现为思维迟缓、注意力记忆力下降、意志减退等。简单说患有抑郁症的人除了表现不开心,还有不想干活、不想说话,工作学习效率下降等。在医学中为了诊治精神疾病,将精神症状分为几大类:感知觉障碍、认知障碍、情感障碍、意志障碍、行为障碍、意识障碍等。

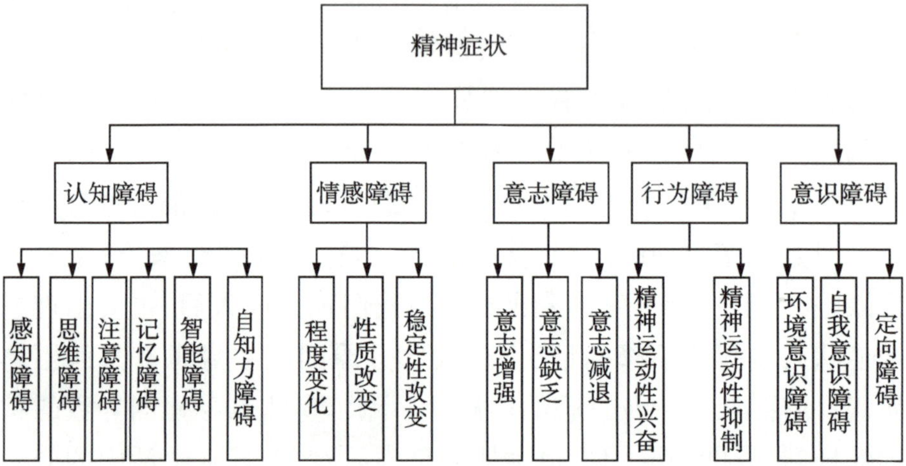


感知觉障碍：临床上常见的感知觉障碍有错觉、幻觉和感知综合障碍。有句俗语恰当地形容了错觉的表现：一朝被蛇咬，十年怕井绳。幻觉包括幻听、幻视、幻嗅等。当一个人听到有人在和自己凭空说话指的是幻听，凭空看到东西，如看到鬼神等指的是幻视。认知障碍指的是思维障碍，包括思维迟缓、奔逸、妄想、强迫观念等。如当患有抑郁症时会反应变慢、脑子迟钝了指的是思维迟缓；患有强迫症时会反复想某件事或反复计数指的是强迫观念；总是怀疑有人跟踪自己、监视自己、伤害自己指的是妄想等。情感障碍临床上较常见的情感障碍可分为低落、焦虑、高涨、恐惧、易激惹、情绪不稳等。在我们日常生活中都会经历情绪方面的变化，都会生气、开心、不开心、发脾气，当出现的次数增多、时间延长、程度加重时，医学上称之为症状，当超出我们能自我控制的能力时，我们称之为疾病，需要医疗

手段的干预。精神症状还包括注意力、记忆力、智能、意志、行为、意识等方面的问题。

（赵幸福）

## 4 精神疾病如何诊断？

精神疾病的诊断主要是精神科专科医师通过病史及精神检查，再进行评估、综合分析诊断。在医生和患者交谈的过程中，医生会初步判断患者的一般表现，包括体格、体质状况、发型、装束、衣饰、年龄和外貌，面容和面部表情，与周围的接触情况，动作行为、日常生活的姿态，等等。还有精神检查，主要针对的是患者是否存在精神症状，如感知觉障碍、思维障碍、情感障碍、意志与行为障碍、意识障碍，等等，通过上述采集信息后综合分析，对患者进行初步评估，制订下一步诊疗计划，是否需要进行心理测验、影像学检查等，排除是否有躯体疾病后才能确诊是否是精神疾病。

精神科专业医师通过精神检查，结合采集到的病史（包括一般资料、主诉、现病史、既往史、个人史、家族史），判断异常的精神症状，进一步归为综合征，再按精神障碍的诊断标准来具体判断到底是哪一种精神障碍。即使当前下了诊断，以后也要结合病情的变化、治疗情况等修正诊断，最后确诊。当来访者进入诊室中，医生首先判断来访者的穿着是否整洁，走路动作行为是否合常理，是否有怪异的行为，在交谈的过程中，判断思维是否存在异常，情绪是否有问题，和周围事物接触如何，注意力记忆力表现如何，症状是否影响日常生活工作等。如抑郁症患者，我们会着重关注情绪方面的问题，是否存在自伤自杀观念或行为，是否伴随精神症状等，给予初步诊断，在治疗过程中，边治疗边观察，是否有其他精神症状的出现，尽早治疗。

CCMD-3 中最常见的严重精神疾病——精神分裂症的诊断标准：至少有下列 9 条中的 2 项，且并非继发于意识障碍、智能障碍、情感高涨或低落，单纯型分裂症另规定。①反复出现的言语性幻听。②明显的思维松弛、思维破裂、言语不连贯，或思维贫乏或思维内容贫乏。③思想被插入、被撤走、被播散、思维中断，或强制性思维。④被动、被控制，或被洞悉体验。⑤原发性妄想（包括妄想知觉、妄想心境）或其他荒谬的妄想。⑥思维逻辑倒错、病理性象征性思维，或语词新作。⑦情感倒错，或明显的情感淡漠。⑧紧张综合征、怪异行为，或愚蠢行为。⑨明显的意志减退或缺乏。

严重程度标准：自知力障碍，并有社会功能严重受损或无法进行有效交谈。

病程标准：①符合症状标准和严重程度标准至少已持续 1 个月，单纯型另有规定。②若同时符合精神分裂症和心境障碍的症状标准，当情感症状减轻到不能满足心境障碍的症状标准时，分裂症状需继续满足精神分裂症的症状标准至少 2 周，方可诊断为精神分裂症。

排除标准：排除器质性精神障碍及精神活性物质和非成瘾物质所致精神障碍。尚未缓解的精神分裂症患者，若又罹患前述两类疾病，应并列诊断。

（赵幸福）

## 5 精神疾病患者什么时候必须住院治疗？

在日常门诊的接诊中，医生在接诊患者时需要根据患者的病情严重程度决定是住院治疗或是门诊治疗。如当患者出现自残自杀的行为时、患者存在怪异的行为言语时、患者意识不清时或是医生通过评估认为病因不明时都需要住院治疗。上述情况一般都是征得患者或是监护人同意后办理入院手续，但在法律上必须住院是指精神疾病患者非自愿住院，国家在2012年出台的第一部《中华人民共和国精神卫生法》规定：将严重精神障碍患者“已经发生伤害自身行为或者有伤害自身危险”，以及“已经发生危害他人安全的行为，或者有危害他人安全的危险”作为实施非自愿住院的原则。“已经发生危害他人安全的行为，或者有危害他人安全的危险的严重精神障碍患者”必须住院治疗。法律在保障精神障碍患者最大权益的前提下，也明确指出非自愿入院与治疗也因此贯穿于现代精神医学的整个历史发展进程中，成为临床精神医学非常独特而且重要的一个组成部分。非自愿住院，通常需要有比较严格的标准和程序。家属或是患者本人如何判断自己是否需要住院治疗呢？作为家属，当发现患者不能够控制自己行为，或是出现冲动伤人、伤己，或是生活不能自理等情况，就需带患者就诊，由医生评估是否需要住院治疗；作为患者本人时，当发觉病情已严重影响日常生活工作，或是旁人已提醒自己存在问题时，需及时就诊。精神疾病的治疗强调全病程治疗,住院治疗只是其中的一个重要环节,既使出院,还需要系统的院外治疗,包括药物的巩固维持治疗、健康教育、心理社会干预和康复等。

(赵幸福)

## 6 精神疾病的治疗方法有哪些?

经常会有患者问:医生,得了精神病还能治好吗?精神病怎么治疗呢?其实,精神疾病并不神秘,随着现代医学对大脑及其功能的认识加深、精神疾病的治疗方法也更为规范。精神药物治疗、心理治疗及物理治疗是目前精神疾病的3种主要治疗方式。

### (1)精神药物治疗

目前来说,精神药物治疗是精神疾病治疗最重要的手段。精神障碍的药物治疗目前仍以化学合成药物为主,药物的治疗作用是对出现紊乱或障碍的大脑神经病理学过程进行修复,达到缓解精神病理症状,改善和矫正病理性的思维、心境和行为等障碍的目的,促进恢复社会适应能力并提高患者生活质量。主要有抗精神病药物,如奥氮平、氯氮平、利培酮、阿立哌唑、氨磺必利、氟哌啶醇等;抗抑郁药,氟西汀、舍曲林、氟伏沙明、帕罗西汀、西酞普兰、文拉法辛等;心境稳定剂,如碳酸锂、丙戊酸盐;抗焦虑药,如阿普唑仑、地西泮等。精神疾病的药物治疗一般包括急性治疗期、持续治疗期和维持治疗期。精神药物治疗的主要目的是控制症状(急性期治疗)与预防复发(维持治疗)。

大量的临床实践充分证明精神药物能够有效地缓解患者的精神症状、防止疾病复发,改善患者的社会功能,提高患者的生活质量,使精神疾病治疗迈上了新台阶。

**(2)心理治疗**

心理治疗是一种人与人之间相互作用的过程,在此过程中,由社会公认的专业治疗者,即心理治疗师去帮助患者。治疗师通过言语或非言语的方式影响患者或其他诉求者,引起心理和躯体功能的积极变化,达到治疗疾病、促进康复的目的。心理治疗按照治疗对象可分为:个别心理治疗,针对的是个体,较具私密性,也是心理治疗最常见的方式;集体心理治疗,面对的是一个患有精神类疾病的集体;家庭治疗,对象是整个家庭,着眼点在家庭互动模式和家庭结构;婚姻治疗,面对的是一对夫妻,着重于夫妻之间的功能及沟通。心理治疗对于精神疾病的疗效是肯定的,正规心理治疗的疗效一般是持久的。个体的信念、思想、感受、意志等均可显著影响大脑活动,心理干预正是通过改变个体的想法、观念、感受等工作的。

**(3)物理治疗**

近年来,采用仪器对患者进行物理治疗成为一种新兴的治疗方式,并在精神疾病的治疗和康复中起到了重要作用。常见的物理治疗方式主要有电休克治疗和经颅磁刺激治疗。电休克治疗是对患者使用小量电流诱发全面性惊厥发作的一种治疗方法,治疗前需对患者进行麻醉及评估。目前电休克治疗主要应用于抑郁症、躁狂发作及精神分裂症,且采用的是改良电休克治疗。电休克治疗能够快速缓解症状,对有高自杀风险的患者尤为有效。重复经颅磁刺激治疗是一种非侵入性的神经刺激技术,线圈周围产生的感应磁场可透过颅骨作用于大脑皮质,从而改善患者的症状。重复经颅磁刺激治疗因其对大脑具有多种调节作用,且具有无创、安全、操作简便等特性,已广泛应用于多种精神疾病。

虽然目前精神疾病的治疗以药物治疗为主,但精神药物发展的同时,心理治疗、职业康复、电休克治疗、经颅磁刺激治疗等非药物疗法在精神疾病的治疗和康复中起到了不可小觑的作用。然而，这些非药物治疗往往需要与精神药物联合使用，单纯的非药物治疗疗效并不理想或不持久，药物治疗与非药物治疗联合运用一般会发挥更佳的治疗效果，这也符合新的医学模式的要求。

（张兰　王燕）

## 7　心病还需心药医吗？

15 岁的初三男生小吴，半年前有次在学校上厕所时听到两个同学讨论偷钱的事情，从此开始担心自己也会偷钱。平时反复询问身边的同学自己是否刚跟他讲过话，期望得到同学否定的回答，否则会焦虑，担心自己说了不该说的话，主要还是自己偷钱的事，回到家也会问父母自己刚刚有没有说过话，平均每天问 5 ~ 6 次。知道自己并未偷过钱，但仍然会经常担心。患者上课时会因想到这些事而注意力不集中，学习成绩下降明显，甚至厌学。

“心病还需心药医”的意思是心病要找到受伤的原因，并对症下药。事实上真的是这样吗？大家都会有心情不好的时候，正常情况下通过各种方式可以调节，然而一旦达到疾病的程度就不是单纯可以通过自我疏导及去除让自己不开心的诱因可以解决的。上述案例中，小吴的心理出现了问题，他反复向别人求证自己是否偷钱，但自己也知道自己并没有去偷钱，由此甚至导致了厌学、成绩下降的后果，影响了社会功能。很明显，他自己无法调整怪异的想法，需要诊治。

心理健康是人在成长和发展过程中，认知合理、情绪稳定、行为适当、人际和谐、适应变化的一种完好状态。心理疾病或者精神疾病的发生并不单纯是外部事件刺激导致的“心病”。随着我国社会经济水平快速发展，家庭结构和生活方式变化巨大，心境障碍、焦虑障碍等常见的精神障碍患者有增加趋势，精神疾病负担日显严重。

值得注意的是，目前公众对心理疾病或者精神疾病的认知尚且不够，1993 年抽样调查表明，国内各类精神疾病的总患病率已经由 1982 年的 12.69% 上升到 13.47%。造成精神疾病负担严重的原因是多方面的，其中低就诊率、低诊断率、高未治率是重要因素。由于精神疾病及其症状的特殊性，大家往往把某些精神疾病当成性格问题，不认为是疾病状态。不少疾病早期确实存在性格方面的变化，有的表现为孤僻、懒散、少参加社交活动，不再像以前那样结交朋友和参加社会活动；有的表现为一反常态的话多、活动多，对人热情。更为常见的是，大家会把某些疾病当成闹情绪。每个人都有情绪的变化，正常人的情绪变化都是基于一定的客观事物，事出有因。而病理情绪障碍通常无缘无故地产生，缺乏客观精神应激的条件，或者“小题大做”。一般人情绪变化程度较轻，病理性的情绪改变程度往往比较严重，并且影响患者的工作、学习和生活，影响其社会功能的发挥，使其无法适应社会，甚至产生严重的消极、自杀言行。

由此可见，心病不光需要心药医，更重要的是我们要意识到心理问题可能已经发展到疾病的程度了，及时并且积极到医院去寻求诊治，早日恢复健康。

（张兰　王燕）

# 8 西药会吃坏大脑吗?

2015年,苏州大学附属广济医院重性精神障碍专业委员针对精神科医生做了一项调查,询问医生遇到的最难回答的问题是什么。调查结果显示排名第一的是患者及家属的提问:“吃抗精神病药,会不会把脑子吃坏掉?”

针对抗精神病药物会不会吃坏大脑这一问题,我们需要辩证看待,即考虑“收益-风险”。即使是同一种精神疾病也具有很大的异质性,根据患者发病情况的不同有首发精神病患者及慢性精神病患者,其抗精神病药物的使用方法及对患者产生的影响也是不同的。慢性精神病患者需要长期服药的结论是广受支持的。

目前临床上很少有医生会推荐大剂量的长期使用抗精神病药,一般说来,维持治疗的剂量都要比急性期治疗剂量小。许多研究表明,小剂量长期使用抗精神病药相对安全,一般不会因为用药而吃坏大脑,患者相对可以放心使用。

俗话说“是药三分毒”,任何药物都有副作用,精神类药物也不例外。以精神科最常见的抗精神病药物为例,其副作用有锥体外系不良反应、代谢综合征、内分泌紊乱、镇静作用等,但都有相应的处理和治疗方法。其应对方式主要有以下方面。①锥体外系不良反应:所谓的锥体外系不良反应是指药物阻断大脑多巴胺受体,从而导致患者出现类似震颤、坐立不安等表现。可合用其他药物如β受体阻滞剂和苯二氮䓬类药物治疗锥体外系症状。②代谢综合征:抗精神病药物常易引起体重增加及糖脂代谢紊乱等症状,同时也会增加患心血管疾病和糖尿病的风险。部分患者服药后变胖,这也是导致患者拒绝服药的重要原因。对此主要以预防为主,服

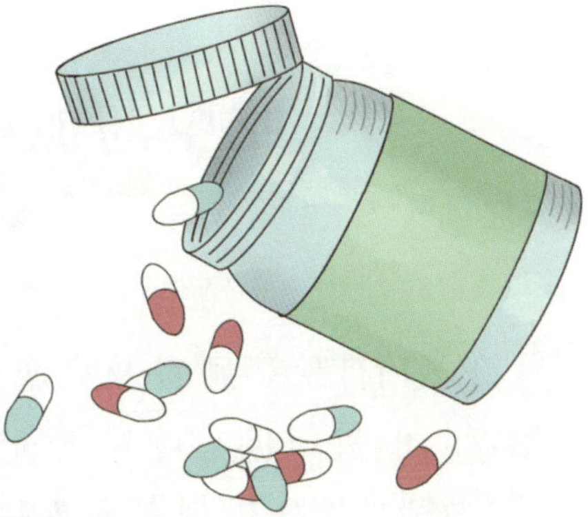

药的患者定期监测体重、血糖、血脂等指标，调整饮食结构及生活方式，增加锻炼。③内分泌系统紊乱：服用抗精神病药物还会引起患者催乳素升高、性激素水平异常，从而导致女性月经紊乱、男性性功能异常等令人苦恼的症状。临床上常采用对症治疗的方法缓解抗精神病药物引起的内分泌系统紊乱，如用人工周期的方式建立月经周期或用中成药物乌鸡白凤丸治疗闭经。④镇静作用：镇静作用常在抗精神病治疗早期出现，表现为多睡和白天嗜睡。对此，可将每日药物剂量的大部分在睡前服用，减轻或者避免白天的嗜睡，且谨慎驾车、操纵机器或从事高空作业。虽然药物有很多副作用，但都有相应的处理及治疗方法。

近年来不仅新型精神类药物品种与日俱增，且品质不断优化，疗效提高，副作用减少。患者及家属不必过分担心服用精神类药物对身体造成的影响。倘若患者及家属不能依从医嘱服药，任疾病发展，最终将导致机体健康和社会功能全面受损的严重后果。因此，与服药可能对身体造成的副作用相比较，不服药导致的疾病进展与反复，大脑持续受损后果更为严重，对患者的伤害更大。因此，积极治疗才能降低精神病患者的复发率和致残率，帮助患者回归社会，提高患者及其亲属的生活质量。

（张兰　王燕）

# 9 吃中药能根除精神疾病吗?

许多精神疾病患者及家属由于担心西药的副作用,会选择中医治疗。但仅仅依靠吃中药能否根除精神疾病呢? 答案是否定的,因为精神疾病机制尚不清楚,疾病本身易复发,需要长程治疗。目前尚未有可以完全根除精神疾病的治疗方法,更没有足够强的研究证据表明仅用中药就能够治愈或者根除精神疾病。但不可否认的是,正规的中药及中医治疗对精神疾病的确有一定疗效。中药治疗精神疾病有相关的理论基础。

**(1)常见的治疗精神疾病的中药单方复方**

中医主张采用整体观念对精神疾病进行辨证治疗。针对癫狂症的发病机制,治疗方法主要有清热泻火法、调气破瘀法、涤痰开窍法、补虚扶正法及滋阴降火法。民间流传着不少治疗精神疾病的单方,一般都是就地取材,有一定疗效。常见的败酱草,有镇静催眠作用,主治失眠症;灵芝,有中枢神经系统镇静作用,主治神经衰弱及神经症;银杏叶提取物舒血宁,有抗氧化、改善脑微循环作用,可治疗慢性精神分裂症、抑郁症。

近年来许多医院研制出了用于精神疾病治疗的中药复方药。丹栀逍遥散具有疏肝清热、健脾养血的功效,用于治疗神经症、抑郁症及焦虑症。北京大学中医药现代中心对丹栀逍遥散进行随机双盲对照研究后发现其治疗抑郁症疗效肯定。从我国珍稀药用真菌乌灵参中提取合成的乌灵胶囊经药理试验证实其在生理浓度下,可以促进学习记忆的形成,调节中枢神经系统兴奋与抑制,具有良好的镇静安神作用,对抑郁症、焦虑症均有较好疗效。

**(2)中西医结合疗效更好**

尽管临床研究证实中药对于精神疾病确实有一定的疗效,但精神疾病的中医辨证指征并不明确，而抗精神病药对脉象又有所影响，因此，中药治疗精神病仍存在诸多问题。目前，针对精神疾病的治疗仍以西药为主，但西药有较多副作用，精神类药物的副作用处理缺乏有效手段。虽然完全依赖中药治疗精神疾病的方式目前来看并不可取，但可在西药治疗的基础上辅以中医治疗，采用中药、针灸、穴位刺激调控法，将中医辨证论治与西医诊断标准化结合起来，以弥补单纯西药治疗的不足。这将增加我们的治疗手段，提高精神疾病治疗的疗效。

**（3）选择正规中药治疗**

作为精神疾病患者及家属，在选择中药治疗时更要注意去正规的医院，确保吃到真药，切勿上当受骗。

案例：某天，精神科门诊，医生问诊一位慢性精神分裂症患者时，其家属反映患者近期在服用中药治疗，当医生再询问中药的名称时，家属拿出一瓶印有“某某一号”的中成口服液，号称可以营养脑神经，治疗精神疾病。但经医生仔细查询，却发现这是一瓶假药。

这样的案例在临床上并不少见，市面上中成药的良莠不齐会造成不良后果，不仅耽误病情，更有安全隐患。因此，患者要选择正规的中医治疗手段。治疗精神疾病，正规的中药治疗手段包括：中草药，也就是传统的由正规中医师开方患者抓药，回家熬成汤药每天服用；中成药，包括正规药厂生产的各种胶囊、丸药、口服液等，但在购买时一定要注意正规的中成药有国药准字，也就是批号，否则极有可能是假药。

（张兰　王燕）

# 10 精神疾病患者可以结婚吗?

小周的女友是精神分裂症患者，两人感情很好，计划于今年结婚，但身边的人都表示反对，认为其女友患有精神病，不能够结婚。对此，小周很不解，他认为女友的病并不是很严重，在她病情稳定、意识清楚的时候表示愿意和自己结婚，这样也不行吗?

婚姻不仅是个人的人生大事，更受法律制约，然而由于精神疾病患者民事责任能力的特殊性，精神疾病患者能否结婚是备受患者及家属关注的问题之一。什么样的人不能够结婚呢?根据《中华人民共和国婚姻法》第七条，有下列情形之一的禁止结婚：①直系血亲和三代以内的旁系血亲；②患有医学上认为不应当结婚的疾病。

针对“医学上认为不应当结婚的疾病”这个概念，目前并没有相应的法律直接规定，但我们可以结合其他相关法律规定来确定该类疾病。众所周知，在 2003 年之前，我国公民在结婚之前实行婚前检查，《中华人民共和国母婴保健法》第八条规定：婚前医学检查包括对严重遗传性疾病、指定传染病及有关精神病的检查。第三十八条规定：有关精神病是指精神分裂症、躁狂抑郁型精神病，以及其他重性精神病。第九条规定：婚前医学检查，对患者指定传染病在传染期内或者有关精神病在发病期间的，医师应当提出医学意见；准备结婚的男女双方应当暂缓结婚。

由此可见，即使是重型精神障碍患者，在发病期的建议仍然是“暂缓结婚”，而不是禁止结婚；不在发病期的患者缔结的婚姻，则受到法律保护。本案例中的当事人小周在女友精神分裂症未发病的清醒期或者缓解期，由医生提出医学意见证明其当前不在发病期间,是可以结婚的。对于精神疾病而言,精神疾病患者婚育能力医学规定如下。

“不宜结婚”的标准:①重性精神病在疾病发作期或间歇期未经治疗症状未彻底缓解者;②患各种重性精神病预后不良者;③当前具有幻觉、妄想等精神病性症状的精神障碍者;④伴有智能障碍,常出现精神运动性发作、大发作,情绪或性格障碍久治不愈的癫痫症患者。

“可以结婚”的标准,具备下述情况之一者可以结婚:①非精神病性精神障碍或各种神经症、适应障碍、中轻度的精神发育迟滞等;②无精神症状、发作不频繁的癫痫症;③各种原因引起的轻度智力减退;④精神分裂症、躁郁症、偏执性精神障碍者,经治疗已经痊愈或精神症状缓解已有一段时间,社会功能恢复正常者。

我们最终得出的结论就是精神疾病患者可以结婚。间歇性精神病患者及病情较轻的患者如果在精神状态正常时,能够对婚姻做出基本正确的判断,能够基本预见结婚的行为后果,具有婚姻行为能力,应能够登记结婚,缔结的婚姻应属有效。

2003 年 10 月,施行 17 年的强制婚检被取消,婚检由新人婚前“必选择项目”变为“自选项目”。这意味着精神疾病患者有更大的自由可以结婚,尤其是处于疾病缓解期的精神病患者,能否结婚更多取决于个人选择,但随之而来的一个问题便是婚前是否应该把自己的病情告诉对方呢?精神疾病是一类慢性复发性疾病,大部分患者需要长期治疗。患者婚后病情的反复发作及生育问题可能使婚姻面临很大问题。根据最高人民法院《关于人民法院审理离婚案件如何认定夫妻感情确已破裂的若干具体意见》第三条规定:婚前隐瞒了精神病,婚后经治不愈,或者婚前知道对方患有精神病而与其结婚,或者一方在夫妻共同生活期间患精神病,久治不愈的,视为夫妻感情确已破裂。一方坚决要求离婚,经调解无效,可依法判决准予离婚。由此可见,即使通过隐瞒病情结婚,一旦病情反复,婚后同样面临着婚姻破裂的风险。因此,是否告知对方病情取决于个人，告知病情虽然有可能终止恋爱关系，但体现了对婚姻及对方的尊重与坦诚，并让其有一定心理准备来共同面对日后可能的问题或困难。

（张兰　王燕）

# 11 精神疾病会遗传吗？

小董是一名 28 岁刚结婚两年的女性，平时工作压力大，心情总是心烦气躁，对自己评价很低，去医院检查过后，诊断为抑郁症，但是老公及家人今年想要孩子，小董担心自己的病情会影响孩子的健康，不知道在患病期间能否要孩子，为此感到很纠结。

精神疾病患者能否要孩子，什么时候可以要，需要注意些什么，这些也是困扰很多有精神疾病患者家庭的问题。每个家庭都

希望生出健康的宝宝，然而对于精神疾病患者而言，生育是一件需要谨慎考虑的事。由于精神疾病的特殊性，精神疾病患者及家属在决定生育前需要了解：精神疾病具备一定的遗传倾向及家族聚集性，双亲得病有可能影响子女。既往的研究发现，不同的精神障碍有不同的遗传度，所谓遗传度是指遗传因素在疾病发生中所起作用的程度，以百分数表示，遗传因素所起的作用愈大，遗传度愈高，而环境因素作用愈小。重型抑郁和广泛性焦虑的遗传度大约为40%；注意缺陷多动障碍、双相情感障碍及精神分裂症的遗传度约60%~90%。

有关精神分裂症的寄养子研究显示：血缘父母为精神分裂症患者，寄养父母为正常者，其患病风险将增高；反之，如果寄养父母为精神分裂症患者，血缘父母为正常者，其患病风险未见增高，这证明了遗传因素比环境因素在精神分裂症的发病中更为重要。

但是，精神疾病的发症机制很复杂，目前尚不明确遗传是不是仅为其中的一个环节。同时还有环境因素、神经生化因素、个性特征等多种因素。如果精神疾病患者在准备生育前，既要谨慎，也不要过度悲观，可以向精神医学、生殖医学等方面的专业人士寻求指导和帮助。

（张兰　王燕）

# 12 精神疾病患者在妊娠期能用药吗？

精神疾病患者的生育除了需要考虑疾病的遗传性以外，女性患者在妊娠期间的病情与服药问题也是极为重要的。妊娠与分娩这一生理过程本身也是严重的精神心理应激事件。有研究发现，妊娠可导致精神疾病复发的概率增大。妊娠期发作的精神疾病是先天畸形和围产期死亡的独立危险因素，情感障碍还可增加早产的风险。

精神疾病病情反复，复发率较高，多数患者需要长期服药。女性患者在妊娠期间如果停药，会使疾病复发风险增大。有研究显示，停药与精神病复发显著相关。目前，对于孕妇及哺乳期妇女的治疗没有一个完美的办法，因为虽然药物治疗可能会给婴儿带来一定风险，但是，不治疗同样会给母亲的营养、睡眠、母婴关系和婴儿的生长发育带来影响。

大多数相关研究显示，与普通人群相比，产前服用抗精神病药物并不显著增加严重的婴儿生理畸形的发病风险。因此，对妊娠期的精神疾病患者服用抗精神病药物的建议如下。

1）对有精神病病史的患者，尤其是既往反复复发病史的患者，在妊娠期间最好是维持抗精神病药物治疗，以避免因病情复发而使用较高剂量或多种药物，从而对胎儿造成更大的影响。

2）正在接受有效抗精神病药物治疗的患者，妊娠后一般不需要为“更安全”而更换药物，因为没有充分证据表明哪种药物更安全。

3）因为多数药物可以通过乳汁排泄，所以不建议患者母乳喂养。

4）需要注意，即使在“正常”情况下，妊娠的“正常”结局也是无法事先做出保证的。由于受孕和胚胎、胎儿发育是非常复杂的过程，会受到很多因素的影响。

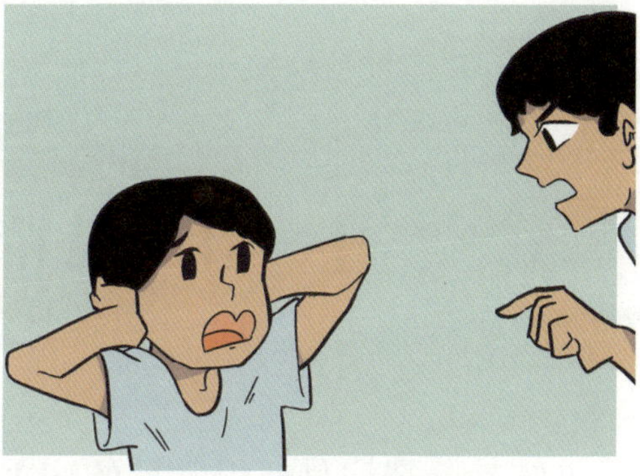

尽管精神疾病的遗传风险较高，但并非绝对，患者仍有一定机会生出健康的孩子。因此，我们的结论是精神疾病患者可以生育，不需要过度紧张，可以接受医生的病情评估及建议，尽量在病情稳定的状态下尝试妊娠。如本案例中的女性患者如果是在疾病发作期间最好不要妊娠，可以等抑郁症病情稳定以后再生育。同时，妊娠期间应与精神科医生及妇产科医生保持密切联系，共同监测病情及胎儿的发育情况，完成各种产检及器官畸形筛查。

（张兰　王燕）

# 二、精神分裂症

## 1 什么是精神分裂症?

精神分裂症是一组常见的病因未明的严重精神疾病。大多起病于青壮年,少部分起病于成年期,有知觉、思维、情感和行为等方面的障碍,一般无意识障碍及智能障碍。病程多迁延,占精神科住院患者数一半以上,有一半患者最终结局为精神残疾,给社会和患者及其家属带来沉重的负担。世界卫生组织(WHO)估计,全球精神分裂症的终生患病率为3.8‰~8.4‰。美国终生患病率高达13‰,每年新发病例为0.22‰,约2/3的患者需要住院治疗,但研究显示只有1/2的患者接受了专科治疗。精神分裂症的复发率高,住院率高,致残率高是导致患者贫困的直接原因,此外,患者存在危害生命与财产行为给社会带来社会安全问题,在任何国家都是重点防治的主要精神疾病。进入21世纪,我国投入了资金启动了重性精神疾病管理与治疗项目,启动了各级精神卫生专科医院的就医条件和环境的改建,2013年颁布了《中华人民共和国精神卫生法》以保障精神疾病患者的各项权益。

(郭慧荣)

## 2 精神分裂症是不是吵架受刺激引起的?

因一次和同事的吵架争执之后出现了明显的精神分裂症的症状,其家人认为是吵架引起了患者的发病,医生给予其家属详细的病因解释,让家属了解精神分裂症的发病原因很复杂。那么精神分裂症的病因到底有哪些呢?

精神分裂症的病因并未完全清晰,有研究显示,该病是脑功能失调的一种神经发育性障碍,复杂的遗传因素、生物及环境因素的相互作用导致了该病的发生。

### (1)遗传因素

李某的母亲曾有精神异常的表现,但未做正规诊断和治疗,从临床表现上看精神分裂症的可能性很大。目前认为精神分裂症是一种复杂的多基因遗传疾病,其遗传度为70%~85%,研究证明在人类基因组中有100多个遗传区域与精神分裂症有关。因此精神分裂症患者生育下一代时,应该充分考虑遗传因素的影响,遗传因素是精神分裂症最可能的一种发病因素。

### (2)环境因素

从胎儿期到成年早期,环境因素都可能对神经发育障碍有不同程度的影响,包括生物学因素和社会心理因素。生物学因素:胎儿期母孕期尤其在孕早期和中期感染(流感病毒、弓形虫、单纯疱疹病毒、麻疹病毒、风疹病毒等),胎儿早期严重营养不良,微量营养素的缺乏,缺氧,重金属中毒;生产期的并发症;青少年期和成年早期的颅脑损伤、感染等及出生季节、受孕时父亲年龄都有报道是精神分裂症的发病风险因素。社会心理因素:家庭经济状况差;移民;应激性生活事件,如童年期的创伤、母婴分离等。

(3)神经生化因素

这是公认的主要发病原因,也是临床上神经药理学和临床治疗学的发展方向。神经递质在调节和保持正常精神活动方面起着重要的作用,很多学者提出了多种神经递质假说,其中影响最大的是多巴胺假说,还有谷氨酸假说、γ-氨基丁酸假说和5-羟色胺假说等,大脑中各种神经递质相互影响,而不是由单一的某种神经递质紊乱所致。

(4)神经影像学因素

许多研究发现精神分裂症患者与正常人群相比,其大脑在结构上和功能性影像学上都存在很多神经缺陷,神经影像学支持精神分裂症是神经发育障碍性脑疾病的观点,也支持临床上精神分裂症的患者随着病程进展出现不可逆的脑损伤导致不同程度的精神衰退的病理过程。

(5)感染和免疫学因素

妊娠早期和中期的各种感染一直被认为可能是个体在成年期后发生精神分裂症的重要危险因素,不同病原体的感染可能都是通过免疫机制引起精神分裂症的。

(6)病前性格特征

部分患者在患病前性格内向,在性格偏异或不健全的基础上,受到生活环境的影响,从而增加了发病的危险性。性格因素是常见的精神分裂症的原因之一。

由此可见,精神分裂症的原因是复杂的、未明的,而不是单一因素所致,更不是因为吵了一架就导致精神分裂症的发生。关于精神分裂症发病因素的研究支持并强调应该早期发现、早期预防,此疾病最重要的治疗手段是药物治疗,改善大脑神经递质的紊乱,而不是带患者散散心就能治好的,另外也提示坚持长期服药预防疾病复发是防止精神残疾的关键。

(郭慧荣)

# 3 精神分裂症有哪些表现?

精神分裂症的临床症状复杂多样,它可涉及感知觉、思维、情感、意志行为及认知功能等方面,个体之间症状差异很大,即使同一患者在不同阶段或病期也可能表现出不同症状。

## (1)临床表现

精神分裂症的临床表现有多种分类方法,如分为阴性症状和阳性症状。阴性症状是那些被动、迟滞、淡漠等不容易被发现的症状,阳性症状是幻觉、妄想、言语行为兴奋紊乱怪异等比较容易被发现的症状,部分病例会有前驱症状,就是在出现典型的精神分裂症症状前,患者常常出现不寻常的行为方式和态度,由于这种变化较缓慢,可能持续几个月甚至数年,由于这些变化不明显,家人未给予关注,多是在症状严重后追溯病史时才被发现。

## (2)传统临床分型

1)偏执型　这是精神分裂症中最常见的一种类型,以幻觉、妄想为主要临床表现。妄想相对稳定,敏感多疑,内容荒谬离奇,多伴有幻听,起病多在30岁以后,像上述病例中的李某,较少出现显著的人格改变和衰退,幻觉妄想症状可长期保留,预后相对较好。

2)青春型　在青少年时期发病,以显著的思维、情感及行为障碍为主要表现,典型的表现是思维散漫、思维破裂,情感肤浅、行为反应幼稚,不协调,喜怒无常,可能伴有片段的幻觉、妄想;部分患者可以表现为本能活动亢进,如食欲、性欲增强等。动作行为怪异,缺乏目的性,不可预测,该型患者首发年龄低,青春期发病,起病急,社会功能受损明显,病情较易恶化,一般预后不佳。

3）紧张型　以明显的精神运动紊乱为主要表现，外观呆板，可交替出现紧张综合征的木僵和兴奋的表现，患者可以表现为紧张性木僵、蜡样屈曲、刻板言行，以及不协调性精神运动性兴奋、冲动行为。或表现被动顺从和违拗，一般该型患者起病较急，部分患者缓解迅速。目前在临床上有减少的趋势，预后相对较好。

4）单纯型　该型主要在青春期发病，主要表现为阴性症状，如孤僻退缩、情感平淡或淡漠等。思维以思维联想障碍为主，早期为“神经衰弱”的表现，如主观的疲劳感，失眠，工作效率下降等，逐渐出现日益加重的孤僻退缩，生活毫无目的，往往患病多年后才就诊，该型治疗效果欠佳，患者社会功能衰退明显，预后差。

5）未分化型　该型具有上述某种类型的部分特点，或是具有上述各型的一些特点，但是难以归入上述任何一型。

6）残留型　该型是精神分裂症急性期之后的阶段，主要表现以阴性症状为主，性格的改变或社会功能的衰退。

（郭慧荣）

# 4 如果有亲人或朋友患精神分裂症，我们该怎么帮助他们？

如果您的亲人或朋友得了精神分裂症，作为家属和朋友，不能歧视他们，可以先了解他们出现的症状的性质，了解有关精神分裂症的专业知识，平息自己的情绪（有些家属觉得自己都要崩溃了），寻找一切可能带他们去精神病专科就诊。精神分裂症患者一般不承认自己有病，这会增加就诊的困难，家属可以以他们出现的某个突出的症状为理由带他们去就诊，比如失眠、注意力不集中等，而不要直接告诉他们去看“精神病”，语言上不要直接说患者是“精神病”，一般人对精神病这几个字都很排斥，患者有严重的病耻感，更不愿意听从家属的建议。另外，家属要知道亲人的异常行为是患了病，所以不要和他们争辩症状的真实性，比如告诉他们说“没有声音，没有人要害您等”，这往往是没有任何作用的，反而他们会觉得不被相信，而要多听他们讲讲内心感受。最关键的帮助是带他们找专科医生接受专业治疗。

给大家推荐一部优秀的影片《美丽心灵》，2001 年在美国上映，改编于一个真人真事，英俊而又十分古怪的数学家约翰·纳什读研究生时便发明了博弈理论，此理论在经济、军事等领域产生深远的影响。但纳什出众的才华受到了精神分裂症的影响，使他无法再次登临学术上最高层次的巅峰，其辉煌的人生也发生了翻天覆地的变化。

面对这个巨大的挑战，当生活由原来的美满幸福一下子跌入了谷底，纳什的妻子艾丽西亚始终对他不离不弃，面对纳什目光呆滞、蓬头垢面、长发披肩的模样，是失望更是一种痛心，她积极带纳什配合医生的治疗，纳什在深爱着他的妻子的相助下，与被认为是只能好转、无法治愈的疾病斗争。经过十几年的不懈努力，靠坚强的意志力，他一如既往地坚持工作，并于1994年获得诺贝尔经济学奖，他在博弈论方面颇具前瞻性的工作成为20世纪最具影响力的理论。站在领奖台上时，他讲了一段感人至深的话："我一直相信数字，不管是方程式或逻辑学都引导我们去思考。但经过终生的追求我问自己：'逻辑到底是什么，谁去决定缘由？'我的探索让我从形而下到形而上，最后到了妄想证，就这样来回走了一圈，在事业上我有了最重大的突破，在生命中我也找到了最重要的人。只有你在这爱情方程式中才能找到逻辑或缘由，今晚我站在你这里全是你的功劳，你是我成功的因素，也是唯一的因素，谢谢你。"这段话是不是很感人呢？纳什妻子为精神分裂症患者的家人提供了很好的示范。

（郭慧荣）

## 5 如果身边有人患了精神分裂症，他会不会突然攻击我们？

可能我们都有过这样的经历，在您生活的环境里会见到那些蓬头垢面、衣衫褴褛，在马路上无目的地闲逛的精神病患者，时有喃喃自语，向路人做鬼脸等，我们不小心时真的会被吓一跳；或者我们小的时候，都被父母爷奶吓唬过。"再不听话，马路上的那个疯子就来抓你了"，这句话往往让我们大多数会乖乖地听大人的话。在我们的意识中，精神病患者是有危险的，是会攻击我们的，所以我们会对这些被称为"疯子"的精神分裂症患者远远地避开。而其实，一般情况下，精神分裂症患者之所以出现脱离现实的怪异的精神症状，是由于他们内心强烈的不安全，他们内心很恐惧，很胆怯，是不会去攻击他人的。但是在疾病急性发作期，尤其是当存在大量的幻听或者被害妄想、关系妄想等症状时，他们可能会在幻听或妄想指示下出现病态行为，比如听到幻听告诉他去攻击别人，或者去杀人等，这种情况会出现突然攻击他人的行为，因此一些时候，我们也要学会保护自己，学习专业知识，能识别精神症状，不要去和患者争辩，不要故意激怒患者，并且看到有精神病患者攻击他人的情况，及时向相关部门上报。

（郭慧荣）

## 6 精神分裂症患者药物减量期间应注意什么？

首发精神分裂症的患者经过系统规范的抗精神病药物治疗，并且急性期的幻觉、妄想等精神症状完全控制后，需要再巩固维持服用原有药物剂量数月到数年。此后可逐渐将抗精神病药物的剂量递减，但每次减药的时间间隔不宜过短，减药后最好观察3～4个月，若病情仍稳定，再减量。首发精神分裂症患者药物治疗时间约3年，若为多次复发患者，一般需要5年以上，甚至个别患者需要终生服药。服药期间，应定期复查心电图、血常规、肝肾功能等实验室指标，检测患者代谢指标、血药浓度等，以便及时做出调整方案。

精神分裂症停药后的注意事项有：①忌受精神刺激，忌看一些带有刺激性、情绪波动大的小说、画报、电视、电影等，以免给患者带来情绪刺激，加重患者的病情；②忌单独外出，精神分裂症患者单独外出具有一定的危险性，应予避免，家属严加陪伴守护；③生活作息要规律，忌烟酒，喧闹、嘈杂的环境会使患者病情加重，因此患者得病后家属应为其安排安静舒适的环境。总之,减药期间要密切观察患者的精神活动变化,如病情有任何波动,及时到医院复诊。

(郭慧荣)

## 7 怎么督促精神分裂症患者服药?如何进行药品管理?

精神分裂症患者绝大多数丧失自知力,不承认有病,认为自己听到的声音都是真实存在,感受到的病态的体验也是真实的,所以坚持长程治疗存在很大的困难,在督促精神分裂症患者服药的过程中,家属必须承担起一定的责任。在疾病急性期,患者一般不能对自己的疾病有正确的认识,但在急性期症状控制后,大部分患者可以对当时患病时的症状有一定的理解,家属要和患者进行认真的交谈,让他对此疾病和治疗方法有正确的认识,并要求患者与临床医生合作,定期复诊,坚持服药,这是预防复发最重要的部分,家属也可以主动要求承担协助患者督促其按时服药的任务。做好药品管理,如购买能分装1周药量的药品盒,标注有日期和剂量,有利于患者服药,也可以定时电话通知,尤其对外出上学的孩子或出差在外的患者,中断治疗是引起疾病复发最重要的原因。有一些患者急性期治疗很配合,一旦症状控制就不再服药,这也需要家属耐心督促其维持治疗。如果一些患者确实很难说服进行规范的服药,也可以选择口服液暗服或长效剂型的药物,比如利培酮口服液或帕利哌酮长效针剂,这些须在医生的指导下使用。临床上凡是能按治疗规范进行全病程管理的患者,大多数能获得较好的疗效。

(郭慧荣)

# 8 精神分裂症患者不想服药，只进行心理辅导可以吗？

对于这个问题，答案是否定的。

精神分裂症患者必须服药，尤其在疾病的急性期，患者存在大量幻觉妄想等精神病性症状，甚至完全脱离现实，并可能存在很多风险，是无法进行现实层面的交流的。多数精神分裂症患者从急性期的症状控制到康复期回归社会是一个漫长的过程，在不同阶段，采取合适的药物治疗和心理社会治疗，并二者有效地结合，能有效改善患者康复情况和社会功能。治疗手段包括药物治疗、社会技能训练、家庭心理教育、主动式社区治疗、支持性就业及对临床共病的整合治疗，这些才是最有效的治疗方法。精神分裂症急性期以药物治疗为主，有些可能还需要无抽搐电休克治疗控制症状。康复期，在药物治疗的基础上，配合心理辅导。有些家属对抗精神病药物有很大的误区，比如认为吃药会把脑子吃坏，抗精神病药物是有毒的等，所以导致疾病不能完成全病程管理，造成疾病的复发，最后出现精神残疾。

治疗精神分裂症的药物有哪些种类？目前临床常用的治疗精神分裂症的药物按药理作用可分为两类。

**(1) 典型抗精神病药物**

典型抗精神病药物又称传统抗精神病药物或第一代抗精神病药物。典型抗精神病药物有氯丙嗪、氟哌啶醇、奋乃静、舒必利等，诞生于 1952 年。通过阻断中脑-边缘-皮质多巴胺通路D2 受体，发挥抗精神病作用。但药物不良反应较多，治疗效果有很多局限，药物对患者的社会功能和自我照料能力的改善作用较小。

### (2)非典型抗精神病药物

非典型抗精神病药物又称新一代抗精神病药物,新型药物是20世纪60年代后开发的,通过对中脑边缘系统的协同作用达到治疗精神分裂症阳性症状、阴性症状及情感症状和认知障碍的目标,同时减少锥体外系副反应和催乳素水平升高等不良反应,提高患者的服药依从性,促使患者早日回归社会。代表药物有氯氮平、利培酮、奥氮平、喹硫平等。

抗精神病药的药理作用复杂,在众多抗精神病药物作用相似的情况下,药物不良反应便成了是否选择使用某种药物的决定因素。不良反应的发生与不同疾病、药物种类、服药方法和剂量及合并用药都有相关性。抗精神病药物的应用应尽量避免联合用药,提倡单一用药原则,合并用药时应注意药物之间的相互作用,特别是药物的代谢与转氨酶的影响。因此在服药期间需要定期到医院复诊,定期检测血常规、心电图、肝肾功能及血药浓度,在临床医生的指导下用药。

(郭慧荣)

## 9 精神分裂症患者为什么总是很懒散?

精神分裂症患者出现懒散在临床上是比较常见的,早期人们对这一疾病不甚了解,并观察到患者大部分最终都走向了懒散衰退状态,所以精神病学家克雷佩林称之为“早发性痴呆”。

### (1)精神分裂症患者总是很懒散的原因

1)认知功能障碍　精神分裂症被认为是一种脑功能失调的神经发育性障碍,许多导致精神分裂症发病的生物学原因会直接导致认知功能障碍,患者对生活学习工作兴趣减少,日益懒散。

2）退缩症状　某种类型的患者更易出现退缩症状，如单纯性慢性精神分裂症，以阴性症状为主的患者，可出现一系列精神退缩表现：思维贫乏、情感淡漠、意志行为减退等。阴性症状可继发于幻觉妄想等阳性症状，如患者首先坚信有人意欲谋害自己，遂闭门不出，这种被称为继发性阴性症状；也有一些患者的阴性症状并无显著的原因，被称为原发性阴性症状。

3）抗精神分裂症药物的不良反应　一些药物会对患者的认知功能造成影响，引起过度镇静和嗜睡的药物，加重反应迟钝，注意力难以集中，逐渐脱离人群，与他人交流减少，造成明显的懒散。

4）社会环境心理原因　由于病程漫长，患者逐渐丧失参与社会的信心和动力，缺乏接触社会的经历，进而可能自暴自弃、自责，认为自己没有价值，生活没有意义，继而出现懒散退缩。另外社会压力、周围人的不理解和嘲笑，加重患者的病耻感，信心不足，自闭在家，导致懒散加重。

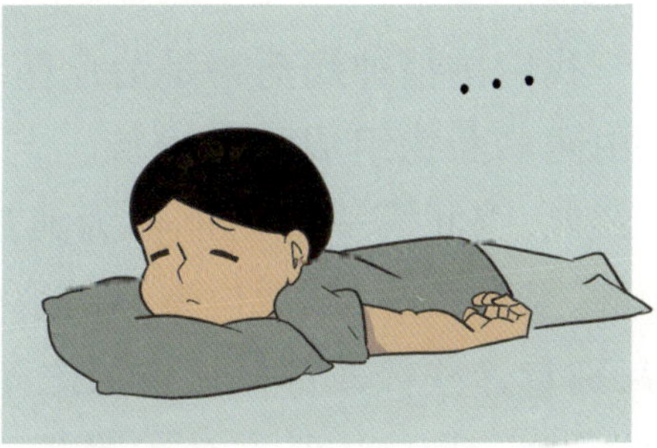

### （2）精神分裂症患者的治疗

早期发现、全程干预、综合治疗是预防衰退懒散的重要因素。

1）药物治疗　针对精神分裂症患者的阴性症状，可选择对阴性症状效果较好的第二代抗精神病药物。药物疗效不好时，要及时到医院复诊，在医生的指导下规律服药，不可自行停药或减药。

2）康复训练　对于阴性症状，除了药物治疗，康复训练也很重要。如社交技能训练、生活自理技能训练、精神疾病康复技能训练等。如果患者能够走出家门，情绪稳定，可以让患者到附近的社区参加康复活动。

3）社交训练　在居家环境中，尽可能让患者参与家庭生活，做一些力所能及的家务活动；尽可能增加患者的社交，督促患者与人交流，甚至为患者创造与人交流的场景，建立自信心。

（郭慧荣）

## 10　抗精神病药物有什么副作用？

我们抗精神病药物是治疗精神分裂症的主要选择。我们可是个由两辈药物组成的大家族。与人类一样，先辈往往意味着传统和经典，因此第一辈药也称为典型抗精神病药物，包括氯丙嗪、奋乃静、氟奋乃静、三氟拉嗪、五氟利多、氟哌啶醇、舒必利、硫利达嗪等，别看这些长辈都将近古稀之年，性情和英雄本色那可是丝毫不变，发挥药物作用基本是按照老一辈的常理出牌，中规中矩。俗话说长江后浪推前浪，青出于蓝而胜于蓝，新一辈药确实涌现出一批青年才俊，但彼此间也性格迥异，每个药都具有鲜明的个性，呈八仙过海、各显其能的态势。因此这一辈称为非典型抗精神病药物，常见的有利培酮、奥氮平、喹硫平、氯氮平、氨磺必利、帕利哌酮等。从20世纪50年代以来，我们两辈药物前赴后继、兢兢业业为人类的健康服务，每天有成千上万的人在我们的帮助下恢复健康的生活。

人类似乎都相信“是药三分毒”的说法，很多人生病了往往因为担心药物的副作用而耽误治疗。我们非常遗憾地发现，人类对我们家族格外警惕，夸大了我们的副作用，对我们有很深的误解和偏见，如说我们“有成瘾性，一旦吃上就停不下来”“是一种激素，对身体不好”“对大脑有伤害，不吃药还好，一吃就傻”等。这些话让我们感到非常委屈。隔壁抗抑郁药家族也有副作用，可是人类对待它们就宽容多了，这一点让我们感到更加失落。

我们的副作用主要集中在神经系统、心血管系统、消化系统、代谢内分泌系统、精神心理和皮肤等方面。别看涉及范围较多，其实我们和抗抑郁药家族一样是较为安全友善的药物家族，副作用在医生的专业指导下是可防、可控的。

药物的副作用虽然不少，但是我们的安全性都经过了严格的安全性检验。且副作用因药物种类、剂量或患者的个体不同而异。在医生的密切观察和对症处理下，我们的副作用能得到有效地控制。在治疗精神疾病过程中不能因为出现一些副作用就对治疗失去信心，或者对我们存在不必要的恐惧心理。正确的做法是在医生的指导下足量足疗程的规律服药，这才是取得良好预后的关键。

（徐广明）

## 11 精神分裂症患者服药后有副作用怎么办？

常言道“是药三分毒”，抗精神病药也不例外。每个人对药物的敏感性不同，对哪种药出现多大程度的副作用也不尽相同。虽然治疗精神分裂症的药的副作用不易完全避免，但可以通过科学的处理从而减轻对患者的影响。下面介绍一些抗精神病药物常见副作用的处理办法。

(1)体重增加和血脂代谢异常

对于体重增加明显的个体,建议定期监测体重、血糖、血脂,观察动态变化,如果体重增加大于原有体重的7%时,建议您调整饮食结构及生活方式,增加锻炼,就是我们老百姓常说的"管住嘴,迈开腿";如果体重仍控制不住,甚至大于原有体重的10%,就提示您要减肥了,必要时找精神科医生重新调整治疗方案,及时换药。

(2)催乳素升高

如催乳素增加出现时,如果是对月经或者生育没有要求的老人,那么催乳素增加带来的最大问题就是骨质疏松了,此时一定要防摔倒。对于有生育要求的女性,减药或者换用另一种影响小的药物。闭经可以采用中药或人工周期等方法,还可以服用小剂量的阿立哌唑,它有降低催乳素的作用。

(3)出现锥体外系反应

一些患者吃了药之后出现眼上翻、斜颈、吐舌等奇怪表现,可以加服一段时间的苯海索来改善这种副作用。有的患者说服药以后坐不住,烦躁不安,来回走动或者原地踏步,加服苯二氮䓬类药物或者β受体阻滞剂如普萘洛尔可减轻症状。我们经常还可以看到长期服药的患者出现了震颤、肌张力增高等类帕金森病的症状,服用盐酸苯海索对改善症状有帮助。还有的人吃药几年后出现不自主的、有节律的刻板运动,睡眠时消失,情绪激动时加剧,这种副作用关键在于预防。没有哪种药可以完全抵抗副作用的发生,因此副作用轻时可以吃点对症药,严重时及时就医调整药物剂量或选用此种副作用小的药物。

(4)出现心血管系统副作用

心血管方面的副作用不容忽视,表现为直立性低血压、心动过速、心动过缓等,所以服用抗精神病药物期间生活过程中要缓慢调整身体位置,避免快速变化体位,监测血压,必要时静脉注射葡萄糖有助血压恢复。有显著心动过缓或者低钾血症的患者可以去门诊调药,使用心血管风险低的药物,同时还要定期复查电解质和心电图,降低危险。

(5)出现血液系统副作用

抗精神药物可以诱发血液系统的改变,如粒细胞缺乏症、白细胞增多或减少、红细胞增多或减少、淋巴细胞减少、中性粒细胞减少及罕见的血小板减少等,临床上常用利可君升高白细胞对症治疗,定期复查血常规,严重者调整药物剂量或者换药。

(6)服药后困倦

如果患者在服用药物期间出现了镇静的表现,比如多睡和白天嗜睡,比较轻的患者可以将每日剂量的大部分在睡前服用,这样就可以避免或减轻白天嗜睡了。如果比较严重,就应该减药,切勿驾车、操纵机器或从事高空作业。

(7)出现自主性神经系统副作用

自主神经的不良反应也常见,很多患者反映的症状有口干、便秘、视物模糊、排尿困难,这些副作用多是对症处理:口干就多喝水;便秘可以补充含纤维较多的饮食,效果不佳的话加用肠道软化剂比如麻仁软胶囊;排尿困难的话会导致尿潴留,应该及时就医调整药物。如果在服用药物期间有流涎的现象,建议患者侧卧位睡眠,便于口涎流出,防止吸入气管。

总而言之,良好的服药依从性,定期门诊复查,发现问题及时就医调整,不擅自停药,是对待疾病最科学的态度。

(徐广明)

# 12 抗精神病药物有依赖性吗?

许多患者和家属对抗精神病药物作用机制认识不足,总是担心长期服药而产生依赖性,因此对长期服用抗精神病药存在抵触心理,做不到足疗程的治疗。那么抗精神病药物到底有没有依赖性呢?

**(1)药物依赖**

依赖性可分为躯体依赖性和精神依赖性,前者主要是机体对长期使用依赖性药物所产生的一种适应状态,包括耐受性和停药后的戒断症状。后者是药物对中枢神经系统作用所产生的一种特殊的精神效应,表现为对药物的强烈渴求和强迫性觅药行为。总而言之,使用者尽管明白使用这些药物会对自身带来危害,但还在继续使用。比如说长期大量饮酒最终会导致酒精依赖,吸烟导致尼古丁依赖,摄入阿片类、甲基苯丙胺类毒品也可导致吸毒成瘾。

**(2)精神分裂症患者长期服药原因**

精神分裂症患者对抗精神病药物不存在躯体的代偿性改变,更没有强烈的渴求及强制性觅药行为。很多长期服药患者不是渴求这些药物,而是对药物反感,经常因为服药依从性差,停服或减量而病情复发。因此抗精神病药物不存在成瘾性和依赖。抗精神病药物的长期规律系统的使用,是精神分裂症持续波动性的病程特点决定的,是治疗本身需要,而不是使用者对药物产生的依赖状态。《中国精神分裂症防治指南(第二版)》将治疗分为急性期、巩固期、维持期。急性期治疗目标为快速控制症状,一般 8 ~ 12 周;巩固期预防症状复燃,一般至少 6 个月;维持期恢复社会功能,促进全面康复，首发患者至少1年，复发者维持2~5年，严重者需要长期稳定治疗。

**(3)撤药反应**

有患者表示，停药时会产生头昏、头痛、恶心、腹泻等一系列的躯体症状，是不是产生了依赖呢？其实“撤药反应”和“药物依赖”是两个不同的概念。在实际服药过程中，许多患者在急性期精神症状控制以后擅自减少药量，甚至停药。在这种情况下，患者可能会产生出一系列的躯体症状。撤药反应是在治疗过程中停药过快不适应所致。因为长期服药，身体对这些药物产生了适应性，大脑神经递质达到了一个平衡。当快速撤药后，这种内稳态的平衡遭到了破坏，造成了身体功能的紊乱，从而产生一系列的精神和躯体症状，这并非药物依赖。因此，撤药的正确的做法就是按照医生的要求，根据治疗情况，缓慢减、停药物。

此外，精神分裂症患者停药后易复发，且再次发作后治疗周期更长，是该疾病的病理现象，并非药物依赖。研究显示，主要的复发原因是中断治疗或自行减药，而系统抗精神病药物治疗是预防复发的关键。因此，停药的时候一定要按照医生的要求，待病情控制稳定，且维持治疗期间症状无波动者，可考虑缓慢减、停药物。而不是在自觉症状好转之后一下子把药全部停掉。

（徐广明）

# 13 精神分裂症患者需要服用多长时间药物?

提到精神分裂症患者,很多人会带着异样的眼光去看待他们,认为一旦患上这种疾病就无药可治。其实多数精神分裂症患者经过系统治疗以后,症状可以得到很大缓解,甚至达到临床痊愈的程度。因此一旦确定诊断,就应该积极地进行系统治疗。王大爷最近就因为这件事特别发愁,儿子最近在医院被确诊了精神分裂症,目前还在吃药治疗,症状正在逐渐好转,但是听别人说精神分裂症这病好不了,需要吃一辈子的药,王大爷心里十分担心,总问儿子究竟需要服用多长时间的药物。看着王大爷焦急的样子,经治医生张大夫在办公室耐心地给王大爷解释了这个问题。

从现有的治疗方法来看,精神分裂症的治疗仍以药物治疗为主。精神分裂症系统药物治疗一共分为 3 个阶段。

### (1)急性期的治疗

主要目标是控制异常行为,降低精神病性症状。因不同患者对药物的反应不同,因此急性期治疗的时间也会有所差异。治疗药物需要在一定时间内达到治疗剂量,在达到治疗剂量以后,需持续治疗 6 ~ 8 周,如果最初选择的药物有效,多数患者症状就会好转;如果首次选择的药物经过足剂量、足疗程的治疗(一般 4 ~ 6 周)效果不理想,那么考虑换药或者合用某些药物将会相应地延长急性期治疗的时间。

### (2)巩固期的治疗

即稳定期的治疗,这一阶段治疗的目标是防止已经缓解的症状复发,进一步巩固治疗效果,促进患者回归社会。巩固期的治疗仍以药物治疗为主，以原有效药物、原有效剂量继续巩固治疗，疗程至少6个月。

(3)维持期的治疗

即康复期的治疗，这是在病情稳定状态下的持续治疗，其主要目的是预防疾病复发，维持症状持续缓解，恢复社会功能，实现患者的全面康复。所以并不像有些家属所认为的那样，症状好了就不用继续吃药了。维持期的治疗对减少患者的复发次数具有至关重要的作用。维持期治疗的具体时间及药物剂量也需要因人而异，以不引起精神分裂症的症状加重和复发为准。一般来说，维持治疗的时间在首次发病的患者至少需要2年，1次复发的患者需要3~5年，多次复发的需要维持治疗5年以上。

由此可以看出，急性期的治疗只是全病程治疗的开始，精神分裂症的治疗需要全程的长期治疗，患者回归正常生活的康复之路还很长。需要强调的是，患者家属在疾病的整个治疗过程中监督患者服药，对预防精神分裂症的复发、促进患者全面康复也是至关重要的。在这里提醒广大的患者及家属、朋友们，不要随意减少或停用治疗药物，如果对治疗有任何的疑惑和建议，应到专业医院寻找专业人士的帮助。

（徐广明）

## 14 精神分裂症患者病情稳定，该怎么减少药量？

精神分裂症的临床表现多种多样，具有不同的病程和结局，且影响患者生活的诸多方面。病程迁延，呈反复发作、加重或恶化，部分患者最终出现衰退和精神残疾，但也有患者经过治疗后保持痊愈或基本痊愈状态。有随访研究发现，预后良好者占42%，一般者占35%，不良者占23%，所以精神分裂症并非不可治愈。大多数患者的治疗需要多方的努力和多学科团队的介入，并以此降低疾病发作频率、持续时间和严重程度，降低总体发病率和死亡率，改善心理社会功能、独立性和生活质量。

李大爷的女儿患有精神分裂症好多年了，曾住院治疗，症状好转后出院，出院后一直在门诊取药治疗。李大爷考虑到女儿已经规律服药一段时间了而且症状也有所减轻，他不知道女儿究竟还要吃多久的药，什么时候可以减量，该如何减量，再加上考虑到药物的副作用和经济水平等因素，他想要给女儿服用的药物减量，但又不知道该如何减，减量之后会不会复发。带着这个疑问，王大爷咨询了经验丰富的精神科专家李主任，李主任专业的解答消除了王大爷的顾虑。

国内外专家意见和治疗指南都提出精神分裂症需要维持治疗，只是维持期的长短略有差异。一般而言，首发患者维持期至少需要2年，1次复发患者需要维持治疗3～5年；多次复发患者需要维持治疗5年以上，有部分患者则需要长期服药。

很多患者在服药一段时间后自行减量，甚至停药，这是非常危险的，除了可能发生撤药反应外，还可能引起精神分裂症的复发，而且复发率非常高，这样不仅仅会加重病情，而且会降低治疗依从性，更严重的会使精神分裂症迁延不愈。这样一来不仅没有达到提前康复的目的，反而给患者本人带来很大的痛苦，也给家庭和社会带来更加沉重的负担，这是大家都不愿意看到的。所以，坚持足量足疗程的治疗，是治疗精神分裂症的必经之路。患者无论是在治疗的急性期、巩固期，还是维持期，药物的减量都需要专业的精神科医生，最好是患者的首诊医生，综合评估患者的感知觉、意志、情感、行为等方面因素，最后确定患者服用药物是否可以减量，哪种药物可以减量。减量的原则是每次只减少一种药物的剂量。减药时一般是阶梯形递减药物剂量，减药的速度宜缓不宜快，每次减量后应有足够长的时间观察患者病情的变化。

精神分裂症的治疗需要医生、患者、家庭、社会的共同努力，药物减量则需要专业的医生评估患者的病情之后才能决定，患者和家属绝不能自行减量，更不能自行停药。

（徐广明）

## 15 精神分裂症患者如何康复？

### (1)药物治疗

一提到如何康复，许多人的第一反应就是吃药。的确，精神分裂症患者的康复也一样需要药物治疗，而且由于病情反复发作和疾病的特殊性，大部分患者甚至需要终生服药。然而由于对疾病缺乏认识，担心药物副作用，很多患者在症状消失及自我感觉良好时会自行停药，导致病情复发。因此，要想治好病，首先就要按医嘱坚持服药。目前临床上多采用第二代抗精神病药物治疗精神分裂症，如奥氮平、利培酮等。与第一代抗精神病药物相比，第二代药物可以改善认知功能，提高患者生活质量，部分药物甚至在治疗阳性和阴性症状方面效果更优。另外，尽管有些药物对代谢有影响如体重增加等副作用，但有的副作用是可以避免的，如有需要，可以和主管医生沟通调整药物，不应盲目拒绝服药和擅自停药。

**(2)物理治疗**

除药物治疗外,还有其他有效的治疗康复手段吗?在电影《美丽心灵》中我们能看到一个画面:主人公住院期间注射胰岛素后进行全身抽搐的电休克治疗。随着科技的发展,当今已较少采用胰岛素电休克疗法,更多的是采用无抽搐电休克治疗。该疗法是指在治疗前,先注射肌肉松弛剂,随后利用一定量的电流刺激大脑以达到治疗的目的。然而,许多人担心这种疗法对大脑会有极大的损伤,但研究表明,无抽搐电休克治疗副作用较小,且大部分副作用是可逆的,并且在药物治疗无效的情况下,选用电休克治疗这一物理治疗手段的确能有不错的效果,且能在一定程度上或许能够改善患者的认知功能。视患者的情况适当地与抗精神病药物结合使用,还能有效治疗难治性精神分裂症,对患者的病情康复有很大的帮助。目前,各大医院在精神分裂症的治疗中也会根据患者的病情推荐选用该疗法。

**(3)心理治疗**

心理治疗也是使患者恢复身心健康的有效疗法之一。传统的心理治疗方法包括支持性心理治疗、认知疗法、行为疗法、精神分析以及社区康复治疗。最近有研究者提出新的康复治疗方法,如绘画疗法、集体心理干预、社会认知交互训练、自我管理训练等。这些疗法旨在帮助患者树立康复的信心和建立希望,改变患者自身存在的功能不良信念,对患者的生活和社会技能进行训练,以便患者能更好地适应患病后的生活。尽管每种方法各不相同,患者可以根据自己的需要选择适合自己的心理治疗方法。

综上,我们建议,精神分裂症患者需要获得全面的康复,遵医嘱坚持服药是非常必要的,同时结合其他有效的非药物治疗方法进行综合治疗。而要达到完全康复的目标,将会是一个漫长的过程,不仅需要医生的耐心引导、患者自身的努力,更加需要的是家庭及社会的支持。让我们共同努力,一起创造患者的金色人生!

(贾艳滨)

# 16 如何预防精神分裂症患者复发？

精神分裂症具有高复发率和高致残率的特点。国内研究报道，精神分裂症患者1年内复发率为32.9%，2年内复发率为40.2%，5年内复发率为62.82%。可见，精神分裂症的复发并不少见，预防复发已成为精神分裂症患者长程治疗的重点。那么，要如何预防精神分裂症的复发呢？我们首先需要了解精神分裂症复发的危险因素。

**（1）服药依从性差，自行减药、漏服药甚至停药**

这是目前众多随访研究结果一致支持的关键危险因素。自行停药是精神分裂症患者复发的最重要原因，其复发风险是维持药物治疗患者的5倍。

**（2）不良的社会支持系统**

当患者遭遇不良生活事件或出现病情波动时，患者家属未予正确且适当的关注，无法为患者提供早期的心理疏导，亦无法对患者实施正确的疾病管理的引导与监督。此外，社会对精神障碍患者的偏见或歧视，会加深患者的病耻感，打击患者求治的主动性。

**（3）既往复发次数**

美国一项大型前瞻性研究发现，复发次数越多，未来再次复发的可能性越大。治疗难度亦会随着复发次数的增多而提高。除此，精神疾病家族史、物质滥用如烟、酒、毒品等因素亦可能增加复发的风险。

精神分裂症的复发对患者及其家庭产生重大打击，针对以上精神分裂症复发的危险因素，有如下几点预防复发建议。

1）坚持药物治疗是预防复发的核心。在药物治疗过程中若出现任何不适，患者应及时联系主管医生反馈情况，以调整合适的治疗药物及治疗剂量。坚持定期门诊复诊，有利于医生动态了解患者病情，以更好地控制复发。定期复查，监测血药浓度，以监控不良反应的发生。

2）建议患者及其家属加强心理治疗，尤其认知行为治疗，学习有效的情绪调节方式及疾病管理技巧。积极参加康复训练，如生活技能训练、社会交往技能训练、职业技能训练等。

3）医生应加强对患者及其家属的疾病健康教育，社区服务亦应加大精神疾病的宣传教育。加强社区管理，完善对重性精神疾病患者的保障制度，定期走访社区，对贫困患者进行定期随访及部分药物的免费发放。

4）医生在给患者制定治疗方案时，尽量考虑患者的年龄、性别、体重、病程、家族史、婚姻状态、经济水平、家庭支持程度、依从性、复发情况等，选择适当的个体化治疗方案。

在精神分裂症复发之前，常出现一些先兆症状，其中既有非精神病性（非特异性）表现，又有精神病性症状。非特异性表现主要有紧张、焦虑、睡眠改变、躯体症状、注意力不集中、记忆力下降等；精神病性症状主要为说话杂乱、幻觉、妄想、疑心、敌对及怪异攻击行为。据研究统计，最常见的10个复发早期征兆是幻觉（53%）、疑心（43%）、睡眠改变（43%）、焦虑（38%）、认知效率低下（26%）、愤怒/敌意（23%）、身体症状或幻觉（21%）、思维混乱（17%）。一旦出现上述表现，患者及其家属应及时察觉，尽快到门诊咨询或复诊。

（贾艳滨）

# 17 精神分裂症患者是否可以妊娠？

精神分裂症患者与普通人一样有结婚生子、组建家庭的权利和愿望。然而，精神分裂症患者需要通过长期服药以维持治疗，但抗精神病药物具有一定的危害性，这让女性育龄期精神分裂症患者不禁担心：抗精神病药物对生育的影响有多大？备孕阶段和妊娠期是否需要停药？停药后的风险又有多大？

目前，已有文献表明精神分裂症患者妊娠期发病及使用抗精神病药物是产生先天畸形和围产期死亡的独立危险因素。大多数相关研究显示，与普通人相比，产前暴露于第一代和第二代抗精神病药物并不增加严重的婴儿生理畸形的发病风险。2015 年的一项研究表明，早孕期（妊娠至 13 周）和中孕期（13～28 周）使用第二代抗精神病药的母亲，其胎儿出生后的畸形发生率与一般人群相比风险不超过 10%，晚孕期（孕 28 周后）长时间使用抗精神病药物，可能导致新生儿药物中毒和撤药症状。

精神活性药物能在不同程度上透过胎盘，胎儿发生明显的躯体畸形时很容易被发现和记录，但目前没有明确的证据表明孕期服用这些药物会影响多年后的大脑功能和行为。然而，在许多情况下，停止服用抗精神病药物的已知风险大于继续服药的未知风险。据调查，发病期的精神分裂症与围产期的死亡率增加有关，精神病性症状对母亲和胎儿均产生有害影响。一方面，精神分裂症本身就会对孕妇腹中的胎儿产生负面影响，导致其出现胎儿质量过低、早产、流产等现象。另一方面，精神分裂症孕妇也会因为妊娠期停止药物治疗而导致疾病复发。患者在停止药物治疗后，产前或产后期患者的病情会出现一定程度的加重，约为 46.1%，并且在一定程度上增加了该疾病的治愈难度。因此，任何一位精神科医生在对待备孕期和妊娠期患者时均应当小心谨慎，尤其是对于患有严重精神障碍的妊娠患者，在药物治疗和药物致畸的风险之间做出抉择需要联合精神科、医学遗传科、新生儿科、产科等专家共同商议会诊，且需考虑患者的生育愿望与病情状态。

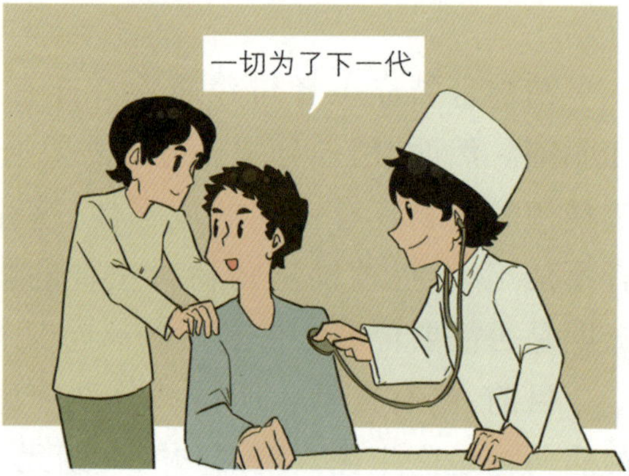


原则上，患者病情在尚未稳定的情况下，或正在服用大剂量抗精神病药物时，不建议妊娠。多项研究均表明，精神分裂症患者经巩固治疗 2 年以上，是妊娠的首要条件。若患者在用药过程中发现妊娠，需加强安全用药指导：①对于目前病情较为严重的精神分裂症患者，必须服用大剂量的抗精神病药物，应考虑推迟妊娠；②针对妊娠期精神分裂症患者，应在控制病情的情况下，尽量减少用药剂量，以尽可能避免出现畸形、流产等情况，但仍需维持在有效剂量范围内；③对于妊娠前 3 个月的患者，应在不加重病情的情况，酌情停用抗精神病药物，妊娠后期时，可根据患者具体情况进行安全用药；④精神分裂症妊娠期患者在用药期间应加强药物浓度及胎儿生长发育情况的检测，必要时适当补充其他用药。

综上，精神分裂症患者在妊娠期间应在充分医患沟通、密切监测病情及胎儿生长发育的情况下进行安全用药。

（贾艳滨）

# 18 男性精神分裂症患者服药期间妻子能妊娠吗?

精神分裂症是一组原因未明的重性精神病,多在青壮年缓慢或亚急性起病,群体遗传学表明,精神分裂症具有肯定的遗传倾向,患者亲属中的患病率高于一般人群数倍,血缘关系越近,患病率越高。那么很多家属会问:“医生,如果丈夫患有精神分裂症,目前正在服药治疗,妻子能妊娠吗?”

精神分裂症患者的妊娠是一个复杂的社会问题,男性精神分裂症患者并不影响妻子受孕胚胎发育,但是可能会携带一定的遗传基因。如果男性患者正在服用抗精神病药物,它对胎儿发育和智力水平是有影响的,其影响大小主要是看服用哪些药物、服药剂量的大小。有研究发现,女性精神分裂症患者在妊娠期间服用抗精神病药物会产生一定的副作用,对胎儿会造成畸形、流产、死胎及宫内发育异常等情况。也有研究发现,暴露于第一代抗精神病药物的新生儿中,有的出现了一过性的并发症,包括停药综合征、肌张力异常、反射发育不全、新生儿黄疸及肠梗阻等。

由于抗精神病药物的毒副作用大,男性患者服药后会影响精子质量,尤其是在病情尚未完全稳定,服用较大剂量的药物时,无论是疾病本身或药物都会对胎儿产生明显的不良反应。如果停药不足半年,男性精子也会受到药物毒副作用的影响。另外由于患者对药物依赖性强,一旦药量不足或停药也容易复发。因此建议疾病治好之后再考虑妊娠,以便优生、优育。

如果男性精神分裂症患者治疗过程中停药确实非常困难,或者服药期间妻子意外妊娠,在药物选择上应避免使用长效抗精神病药物，避免联合用药，可以选择氯氮平等相对较为安全的药物，剂量应为能控制病情的最低剂量。维持剂量的药物，也会对胎儿有一定的影响，建议服药期间加强血药浓度监测、胎儿检测，补充叶酸减少神经管畸形风险。精神分裂症患者妊娠、生育是复杂而棘手的社会问题，需要从人文、伦理和社会角度等多方面考虑，依据患者病情、家庭情况等实施合理、有效的指导。此外产科医生也要有正确的认识，从源头上提高患者后代质量、优化生育，进而提高患者的家庭生活质量。

（王源莉）

## 19 如何预防精神分裂症患者自杀？

精神分裂症患者当出现明显的幻觉、妄想、情感症状或处于疾病缓解期时，可能会产生轻生观念甚至有自杀行为。据统计，有20%～40%的精神分裂症患者曾尝试自杀，并且约5%的患者自杀成功。

通常精神分裂症患者在疾病发作期和缓解期两个阶段容易出现轻生观念及自杀行为。发作期的患者由于受到幻觉、妄想等症状支配，导致自杀。在缓解期，患者由于缺乏对疾病的认知和判断能力，对精神分裂症产生恐惧及病耻感，对生活失去信心,从而导致自杀的发生。为了降低精神分裂症患者的自杀率,需做好自杀防范,可以从以下几个方面预防精神分裂患者自杀。

**(1)药物治疗**

处于疾病发作期的精神分裂症患者,控制病情乃当务之急。①严密观察患者用药后的反应。若患者有严重的药物不良反应,立即采取有效的措施,以减轻患者痛苦,减少自杀。②严防藏药。医护人员和家属都要密切关注患者是否有按时服药。对不合作、有藏药行为的患者要耐心劝说,防止患者藏药蓄药,以避免患者服用大量药物自杀。拒绝服药者,可考虑改用注射给药,以尽快控制病情。

**(2)安全防范**

医护人员和家属要严密检查患者是否携带刀片、铁钉、药品、绳索等危险物品。患者户外活动或外出检查要有人陪护,对患者进行动态的观察。经常检查门窗、桌椅和锁等基础设备的管理,发现问题及时维修。

**(3)心理支持**

1)密切关注患者的心理情绪变化,并帮助患者掌握控制情绪的方法和技巧,比如合理发泄不良情绪的方法和技巧,包括跑步和深呼吸放松等训练。此外,精神分裂症患者出现悲观消极心理和对生活缺乏信心时,可配合心理治疗,必要时给予抗抑郁药物治疗。

2)康复期患者自杀率高,一方面是因为患者逐渐恢复自知力,对疾病有了一定的认识,更容易产生消极悲观情绪,并产生耻辱感;另一方面是因为康复期患者的行为执行力更强,自杀成功率亦更高。自杀高发时段多在午夜、黎明时分及节假日。因此在这些时段要加强对患者的关注,观察患者情绪变化,发现异样情况时,需立即与医生或社区联系。即使康复期患者的病情已经得到了初步的控制,如仍存在严重的心理问题,也需要心理咨询与治疗,必要时给予药物治疗,这对患者的自杀行为的控制与病情的复发能达到更大的疗效。

(4)家属参与支持治疗

良好的家庭支持系统有利于防止患者自杀。精神分裂症患者家属大多数存在着焦虑、急躁、自卑、厌恶、矛盾、无能为力等心理。这些心理状态会对患者产生不良的影响，所以家属要调整好自己的心态，多关心体贴患者，增强与患者的情感交流，尽可能早期发现患者的自杀观念以进行预防。

(5)社区医疗支持

精神分裂症患者对于未住院或出院的精神分裂症患者，社区医疗可以及早发现和预防自杀。一方面可以起到安全保护作用，在精神分裂症患者出现自杀或暴力行为时及时制止，提供帮助，避免造成伤害；另一方面社区做好疾病知识宣传教育工作，普及相关知识，消除人们对精神分裂症患者消极负面的评价与看法，提高对患者的人文关怀。

自伤、自杀行为是一种极为复杂的社会行为。因此对精神分裂症患者加强监管和防护，避免患者出现一些危险事件是社会各方面的责任。然而，因恐惧患者的伤害行为而选择将患者关在家里或困在医院并不是一个人道且有效的办法。对精神分裂症患者的关怀，以及提供良好的康复条件才是加快患者康复进程的重要保障。

（贾艳滨）

## 20 精神分裂症患者伤人不犯法吗？

我们经常看见有关精神分裂症患者的伤人事件报道，人们似乎认为精神分裂症患者伤人是不用承担法律责任的，但事实真的是这样吗？我们先来看一个案例。

2018年6月28日，黄某，因“认为遭到他人的欺辱和伤害”，于上海某小学校区校门口附近持刀砍伤3名学生和1名家长，致2人死亡、2人受伤。后上海公安机关对犯罪嫌疑人刑事拘留以后，迅速地查明犯罪事实。经查发现，黄某于一年前已产生杀害无辜儿童以泄私愤的歹念，并先后在广州、上海等地寻找作案目标。作案当日，黄某携带事先准备的刀具至学校附近驻足窥探、伺机作案。经鉴定，黄某患有精神分裂症，在本案中具有限定刑事责任能力。上海中级人民法院裁定黄某杀人动机极其险恶，蓄谋已久，周密策划，反复踩点，并专门购置杀人工具，犯罪手段极其残暴，犯罪后果极其严重，社会影响极其恶劣，且考虑黄某犯罪时具有限定刑事责任能力，依照《中华人民共和国刑法》第十八条第三款之规定追究刑事责任，将黄某以涉嫌故意杀人罪依法批准逮捕，并判处死刑，剥夺政治权利终身。

从上述案例中，我们可以了解到，并不是精神分裂症患者杀人就可以不承担法律责任，是否需要承担刑事责任应由司法鉴定机构对精神分裂症患者进行精神状态检查和鉴定后，法院再结合鉴定结果做出相应的判决。那么我们再来看看我国法律对精神病患者犯罪的规定。根据《中华人民共和国刑法》第十八条【特殊人员的刑事责任能力】规定：精神病患者在不能辨认或者不能控制自己的行为的时候造成危害结果，经法院程序鉴定确认不负刑事责任，但是应当责令他的家属或者监护人严加看管和医疗；在必要的时候由政府强制医疗。间歇性的精神病患者在精神正常的时候犯罪，应当负刑事责任。尚未完全丧失辨认或者控制自己行为能力的精神病患者犯罪的，应当负刑事责任，但是可以从轻或者减轻处罚。

根据该条规定，精神病患者的刑事责任问题分为以下3种情况。

(1)完全无刑事责任的精神病患者

指精神病患者在不能辨认或者不能控制自己行为的时候造成危害结果的情况。这种精神病患者是完全无刑事责任的精神病患者,对其实施的危害社会的行为不负刑事责任。

要确认他是完全无刑事责任的精神病患者必须同时符合两个标准:①医学标准。即他在实施危害社会的行为时是处于精神病状态之中,而且正处于发病期而不是缓解期和间歇期,实施危害社会的原因是由精神病所引起的。②心理学标准。即由于行为人有精神病而使他完全丧失了辨认和控制自己行为的能力。是否符合这两个标准,是判断精神病患者是否完全无刑事责任能力的重要参考依据。需要经过法定程序,依法进行司法精神鉴定。

(2)完全刑事责任的精神病患者

指间歇性的精神病患者在精神正常的时候犯罪,应当负刑事责任的情况。间歇性的精神病患者处于疾病间歇期,精神状态是正常的,具有辨认和控制自己行为的能力,所以他们在间歇期实施危害社会的行为构成犯罪,应负完全刑事责任。

(3)限制刑事责任的精神病患者

指为减轻刑事责任或部分刑事责任的精神病患者:这是指尚未完全丧失辨认或控制自己行为能力的精神病患者犯罪的情况,他们是介于完全负刑事责任和无刑事责任之间。他们犯了罪应负刑事责任,但可以从轻或者减轻处罚。

精神病患者这一身份绝不是犯罪的保护伞,当精神分裂症患者犯罪时,要根据其发病情况,依据犯罪行为及情节严重程度,经由司法精神病学专家鉴定,法院依据司法鉴定结果,给予判决。

(贾艳滨)

# 三、抑郁障碍

## 1 什么是抑郁？

“抑郁”一词具有丰富的内涵，既有生理学方面的解释，还有精神健康上的意义。生理学上，抑郁症可能意味着神经系统的一系列问题；而在精神健康方面，抑郁又分为两个层次。第一，抑郁情绪，指的是人们对客观事物能否满足自身需要的体验和态度，它是一种负性的情绪，主要表现为长期心境的低落和快乐感的缺乏。抑郁情绪是人类较为常见的情绪问题之一，对人们的躯体和心理健康状况均具有严重的影响，每个人的一生中，或多或少都会受到该负性情绪的影响。

第二，不良情绪若长时间没有得到改善，将严重影响人们正常的生活、学习、工作，且易演变为情绪障碍。抑郁症是情绪障碍的典型代表，是指以长期情绪低落为表现的情绪障碍，发作时间至少持续 2 周（大多数发作都长于 2 周），包括情绪、认知及自主神经系统都有显著变化。抑郁情绪与严重抑郁症之间的差异是时间长短，从很短的时间的抑郁情绪到长期影响生活的重度抑郁症。抑郁情绪可以通过改变生活方式或谈话来克服，而重度抑郁症通常需要药物、心理、物理治疗联合干预。

抑郁可以影响一个人的思想、行为和幸福感，它往往伴有以下负面情绪。①悲观消极的心境：经常感到极度伤心，焦虑或空虚，无望无助，心情沮丧，闷闷不乐。②自我评价过低：经常有无价值感以及内疚和自责、自罪感，易怒或愤怒，感到羞愧或不安。③兴趣减退，对生活失去热情，做什么事都提不起精神，睡眠产生障碍，晚睡早起，甚至引发食欲不振或暴饮暴食。④抑郁患者会感觉难以集中精神、记忆力变差、决策力下降，同时还可能从社会活动中退缩，拒绝社交和工作。

短时间内的抑郁情绪可能是对一些不良情景或事件的应激反应，但严重和持续的抑郁有可能会导致相关精神障碍甚至自杀行为。

（刘志芬）

## 2 什么是抑郁症？

抑郁症是一种以情绪低落、兴趣减退、思维迟缓为主要特征的慢性精神疾病，具有高发病率、高复发率、高自杀率、高致残率、高疾病负担、低诊断率、低治愈率等特点。抑郁症患者常伴有悲观厌世，思维迟缓，缺乏主动性，自责自罪，饮食、睡眠差等症状，担心自身患有各种疾病，感到全身多处不舒适，严重的可出现自杀念头和行为。抑郁症严重困扰患者的生活和工作，给家庭和社会带来沉重的负担，此外，抑郁症患者的高自杀率已成为重要的公共卫生问题。

(1)疾病负担

2010年全球疾病负担(global burden of disease 2010,GBD2010)调查显示,抑郁症所致伤残调整生命年(disability adjusted life year,DALY)排名从1990年的15位上升到11位。目前抑郁症在世界致残疾病中排名第四,预计到2030年将成为疾病负担之首。

(2)疾病后果

自杀是抑郁症患者最为严重的后果之一,在所有自杀者中约50%可能符合抑郁症的诊断。WHO最新数据显示,一般人群自杀率为10.7人/10万人,而抑郁症患者的自杀率显著增加,约1/5的抑郁症患者会采取自杀来结束自己的生命。在青少年抑郁症患者中,该行为较为常见。自杀行为是青少年致残和死亡的主要原因,现已成为影响青少年身心健康的重大公共卫生问题。

近年来,随着社会竞争日趋激烈,各种应激性生活事件不断增加,心理压力增大,使抑郁症的患病率呈上升趋势,它已成为威胁人类健康和影响生活幸福度的严重疾病。

(刘志芬)

# 3 抑郁症的发病机制是什么？

抑郁症的发病机制相对复杂，可能涉及遗传、神经递质、神经生化、神经影像学、睡眠及神经电生理、心理社会因素等各个方面。

**（1）遗传**

研究表明，抑郁症是一种具有高度遗传性的精神疾病，不是所有伴有抑郁症家族患病史的人都会患上抑郁症，也不是所有患上抑郁症的患者都伴有抑郁症家族患病史，遗传并不是抑郁症患者患病的唯一决定性因素。

**（2）神经递质**

5-羟色胺（5-HT）假说：5-HT 又称为血清素，是一种单胺类神经递质，在生理功能（如睡眠、进食、性行为、体温调节、疼痛和认知）和病理状态（包括情绪障碍、焦虑障碍、精神病和疼痛障碍）中发挥重要作用。5-HT 系统参与了抑郁症的发病，在抑郁症的病理生理学和治疗中发挥着重要作用。增加血 5-HT 水平的药物，如选择性 5-羟色胺再摄取抑制剂，可有效治疗抑郁和焦虑。目前该假说已被广泛认可和接受。

**（3）神经生化**

抑郁症的发病机制可能与多种神经生化因素有关，比如神经活性类固醇水平失衡、腺苷及其受体相互作用改变、雌激素水平异常降低等。神经活性类固醇与精神病性障碍、抑郁症、焦虑症等有着极其密切的联系，且有抗抑郁的作用，其作用机制可能是通过减少糖皮质激素作用于神经元的毒性作用，增强中枢 GABA 能神经元的功能来发挥其对神经元的保护作用的。

(4)心理社会因素

不同个体的人格特征、家庭环境、应激性生活事件、社会支持、应对方式等社会心理因素在抑郁症的发生、发展及治疗过程中可起到关键性的作用。有关人格和抑郁症相关性的研究发现,抑郁症的发生和发展存在着一定的人格基础,不同人格特质的人发生抑郁症的概率相差很大。家庭成员间的亲密度、矛盾性、情感交流、独立性等对个体的情绪、行为及人际关系有很大的影响。此外,抑郁症的发生与社会支持存在着一定的关系。应激性生活事件可能是诱发抑郁症的重要原因,尤其是负性生活事件,例如丧偶、亲人病故、离婚、失业、婚姻不和谐等。慢性心理社会刺激,如长期贫穷、患有慢性躯体疾病、人际纠纷、家庭矛盾等也可能是诱发抑郁症的重要原因。

(刘志芳)

## 4 抑郁症的临床表现是什么?

抑郁症的临床表现可分为核心症状、心理症状群与躯体症状群3个方面。

(1)核心症状

1)心境低落:心境低落是指自我感受或他人观察到的显著而持久的情绪低落和抑郁悲观。患者常说“心情不好,高兴不起来”,终日愁眉苦脸、忧心忡忡,可出现典型的抑郁面容,眉头紧锁,长吁短叹。严重者甚至痛不欲生、悲观绝望,有度日如年、生不如死之感,常常诉“活着没意思”“心里非常难受”等。

2)兴趣减退:患者对各种过去喜爱的活动或事物丧失兴趣或

兴趣下降,做任何事都提不起劲,即使勉强去做,也体会不到以前愉快的感觉。症状典型者对任何寻事物无论好坏等都缺乏兴趣,什么事情都不愿意做。

3)快感缺失:患者体验快乐的能力下降,不能从日常从事的活动中体验到乐趣,即使从事自己以前喜欢的事情或工作也体会不到任何快感,部分抑郁症患者有时可以勉强自己参加一些活动,表面看来兴趣似乎仍存在,但进一步询问就会发现,患者根本不会从这些活动或事情中感到快乐,从事的主要目的是希望能从悲观失望中摆脱出来或者消磨时间。

**(2)心理症状群**

1)思维迟缓:表现为思维联想速度减慢,患者自我感觉脑子反应迟钝,常见临床主诉为“脑子像是生了锈一样”或是“像涂了一层浆糊一样”。决断能力降低,变得优柔寡断、犹豫不决,甚至对一些日常小事也难以做出决定。

2)认知功能损害:认知功能异常是抑郁症患者最常见的主诉,例如难以忘记过去的糟糕经历,记忆力下降,反应时间延长,注意力不集中,导致学习、工作效率下降。另外还有患者表现出抽象概括能力下降,学习能力降低及言语流畅性变差。

3)负性认知模式:抑郁症患者认知模式的特点是负性的、歪曲的。无论对自己、对所处的世界还是对不来负性的认知,患者认为自己无价值、有缺陷、不值得人爱,将所处的环境看成是灾难性的,有着许多无法克服的障碍,对未来没有信心,感到没有希望,甚至悲观绝望。

4)自责自罪:在悲观失望的基础上,患者会产生自责自罪。认为自己犯下了不可饶恕的错误,即使是一些轻微过失或错误,也要痛加责备,把自己看作家庭和社会的巨大负担。严重时患者会产生深深的内疚甚至罪恶感,认为自己罪孽深重,必须受到社会的惩罚,甚至达到罪恶妄想的程度。

5)自杀观念和行为:抑郁症患者常常伴有消极自杀的观念或

行为，感到生活中的一切都没有意义，活着没有意思，脑子里反复出现与死亡相关的念头，甚至开始详细地策划自杀，思考自杀的时间、地点和方式。患者认为“结束自己的生命是一种解脱”“自己活在世上是多余的人”，并最终发展成自杀行为。

6）精神运动性迟滞或激越：精神运动性迟滞是指行为和言语活动显著减少，以思维发动的迟缓和行为上显著持久的抑制为主要特征。患者常常行为迟缓，生活懒散、被动，独坐一旁，不与人沟通或整日卧床。严重者甚至无法顾及个人卫生，蓬头垢面、不修边幅，甚至达到亚木僵或木僵状态。

7）焦虑：患者可表现为心烦、担心、紧张、无法放松，担心失控或发生意外等，也可表现为易激惹、冲动等，患者常常因过度担忧而使注意力不能集中。此外，焦虑合并抑郁的患者常出现一些躯体症状，如胸闷、心慌、尿频、出汗、坐立不安等。

8）精神病性症状：严重的抑郁症患者可出现幻觉或妄想等精神病性症状，这些症状涉及的内容多数与抑郁心境相协调，如罪恶妄想、无价值妄想、灾难妄想等。部分患者也会出现与心境不协调的精神病性症状，如被害妄想、没有情感背景的幻听等。

9）自知力缺乏：多数抑郁症患者自知力完整，能够主动求治并描述自己的病情和症状，有些严重的抑郁症患者的自知力不完整甚至缺乏，尤其是存在明显自杀倾向者或伴有精神病性症状的患者，他们缺乏对自己当前状态的正确认识，甚至完全失去求治愿望。

(3)躯体症状群

失眠是抑郁症最常见的躯体症状之一。还有自主神经功能紊乱症状、食欲下降、精力下降等,一部分患者可能出现性欲减退症状。

(刘志芬)

## 5 女性比男性更容易患抑郁症吗?

抑郁症的性别差异最早出现于青春期(11～14岁),女性更易抑郁,且这种趋势会一直持续到成年,男女发病率约为1∶2。男女发病率的差异可能与青春期性激素的分泌有关,女性在生理周期、孕期、围绝经期及更年期的激素水平变化对女性抑郁症的发病及病情发展可能发挥一定的作用。由于性腺功能改变的影响,女性抑郁症的临床表现与男性不同,女性抑郁症患者常伴有焦虑、烦躁、激动等症状。非典型抑郁症(多眠、体重增加、食欲亢进、对药物反应不典型)在女性中常见。

女性抑郁症的高患病率与多种因素相关,其中比较公认的因素为生物学因素和社会心理因素。生物学因素指出了激素在女性高抑郁风险中至关重要的作用,有关社会心理因素,许多研究者支持女性抑郁症的高易感性是她们不平等社会地位的直接结果。

女性抑郁不仅影响患者本人,也对家庭尤其对孩子造成不良影响。此外,与女性生育生活相关事件,如月经周期、妊娠、哺乳、绝经等,也可能引发抑郁发作或使其处理更为复杂。以下几个特殊时期与女性抑郁情绪相关。

**（1）月经期**

月经周期与女性抑郁情绪密切相关，女性在月经期前后可出现易激惹或其他心理和行为改变，经前期女性常出现烦躁、易激惹，易与他人或家人发生矛盾，对工作感到力不从心。经前期综合征是育龄期妇女在经前出现的一系列精神和躯体症状，随月经来潮而消失的一种疾病。常在经前 7～14 天出现烦躁易怒、精神紧张、神经过敏、水肿、腹泻、乳房胀痛等一系列症状，除此以外，经前期女性还有许多躯体不适，如头痛、失眠、注意力不集中、疲惫、无力、感觉异常等。

**（2）孕产期**

孕产期抑郁是指抑郁情绪出现在孕期或产后 4 周内，主要包括妊娠期抑郁和产后抑郁，可伴或不伴精神病性症状。妊娠期抑郁一般在妊娠前 3 个月及后 3 个月比较明显。

**（3）更年期**

更年期抑郁的妇女主要表现为情绪低落、缺乏动力、对事物缺乏兴趣和乐趣、生活无愉快感、思维迟钝、懒散、睡眠障碍等。患者常发热、忽冷忽热、出大汗，大约 40% 的更年期妇女出现尿频、尿急、性欲减退等症状，此外还伴有肥胖、关节疼痛、骨质疏松等代谢相关症状。

（刘志芳）

## 6 抑郁症患者有自杀风险吗？

抑郁症是一种常见的精神疾病。抑郁症患者会因为病情而产生一些很极端的想法，很可能会危及生命。为何抑郁症患者会自杀？甚至一些平常都很乐观开朗的人，为何患上抑郁症后也有可能会自杀？

**（1）大脑认知功能受损是抑郁症患者自杀的主要原因**

和其他疾病一样，抑郁症的本质是一种疾病，只不过病变部位在大脑，如果要比喻，普通人的大脑是齿轮光洁转动灵活，而抑郁症患者的大脑却生了锈，很难转动。这种生锈，并非是由患者本人意志导致的。意志力薄弱、情绪脆弱等，是生病的结果，而不是生病的原因。

无论患者患病前性格是乐观开朗还是悲观内向，都有可能患病。生了锈的大脑，一方面难以像普通人那样感受到快乐、对外界保有好奇心与热情，患者因为大脑感受快乐的功能的丢失，会感觉自己被这个世界隔离在外，所有的快乐都与自己无关。另一方面在面对和普通的大脑一样的事情的时候，生锈的大脑往往很难做出如普通人那样准确、常规的判断，且本人也很难察觉自己思维和逻辑的不对劲，因此患者常会不知不觉就走到了情绪的深渊边缘，如果这个时候，又碰到了刺激性的事件作为导火索，那么就很容易引发悲剧。

然而，以上所说的这些都是疾病带给患者的，患者因为大脑生锈而异于平常的行为与情绪，如：感到持续的悲观绝望、提不起兴趣、没有力气做事等，乃至于绝望的自杀，都并非出于本人本意。就像心脏病患者的跑步成绩肯定没有办法像普通人那样好一样，是由疾病造成的，而非患者本人疏于锻炼。意识到自杀行为不是患者本人意图，对于抑郁症患者本人与想要帮助抑郁症人群的人来说，都十分重要。

**（2）心理、社会、性格等因素的影响**

国内现阶段人民群众对于精神疾病的重视还远远不够，加上认识不足，不少人仍然认为抑郁症就是单纯的心情不好、想太多了，忙起来就好了，甚至“都是矫情，我怎么没有得”这种想法，会在很大程度上刺激患者的精神与情绪，加重病情。

种种原因，使得抑郁症患者在生活中易被忽视，缺少陪伴，加上“我得病是因为我自己精神脆弱”的病耻感，若又在近期遭受比较重的创伤性事件，或受到他人指责，都会进一步加重心理负担，病情难以缓解，甚至出现自杀行为。

### (3)服药早期

开始接受抗抑郁药物治疗最初的那段时间，是抑郁症患者较为危险的一个阶段。重度抑郁症患者因为深陷痛苦之中，难以感受到快乐，不少人会有自杀念头，但实际上真正实施的人并没有那么多，一个比较重要的原因就是，患者当时的精神状态差到无法去做自杀这种高难度的事情。

抑郁症患者的症状之一就是没有动力做事，普通人做来轻松自如的事情，如：起床、穿衣、吃饭等，对于他们来说十分困难。因此，症状最重的那部分患者，反而并不会去自杀，因为虽然有念头，却没有力气实施。

抗抑郁药所产生的疗效，起效是有先后顺序的。最先起作用的是帮助患者恢复日常生活的动力，也就是能够逐渐有力气去穿衣、吃饭、洗澡、散步等，而低落情绪、抑郁心境的改善，却滞后于做事动力的改善，需要患者再坚持服药一段时间，才能逐渐得到心境的改善。因此，有些重度抑郁症的患者，在通过服药恢复一定的力气后，心境却还未得到足够的改善，此时反而会促使患者自杀。

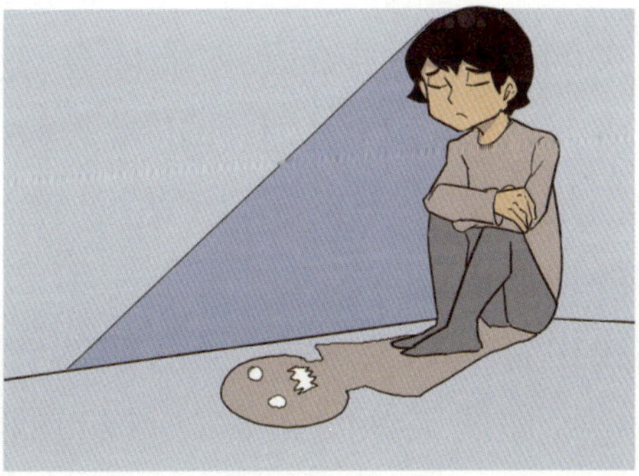

（陈策）

# 7 抑郁症有哪些治疗方法？

抑郁症是一个棘手的疾病，但医生也有对付它的手段——精确的诊断、合理的治疗方法，大部分抑郁症就会被控制，即使抑郁症是凶猛的野兽，医生也能将其紧紧地关在笼子里面，下面我们就来看看锁住这头猛兽的3把锁。

抑郁症的治疗方法主要包括药物治疗、心理治疗、物理治疗。

## (1) 药物治疗

药物治疗是目前治疗抑郁症的第一把锁，也是最为重要的一种方法，目前专家们认为抑郁症很可能与脑内神经递质的功能异常有关。神经递质就像饭菜里面的盐，多了或少了从外表是看不出来的，只有吃饭的人才能体会，这就导致了人们总是误解抑郁症患者，认为他们看上去和正常人没有什么不一样，甚至很多人认为他们是“装”出来的病，但真正“吃饭”的人却痛苦万分。最主要的神经递质有两个：去甲肾上腺素和5-羟色胺，在抑郁症发病时，脑内去甲肾上腺素或5-羟色胺的含量下降，到了症状好转时，这两种神经递质又恢复正常，所以抗抑郁药物的作用机制是尽量使脑内去甲肾上腺素或5-羟色胺的水平升高，来治疗抑郁症。不同抗抑郁药的作用点不相同，但都能达到增高脑内去甲肾上腺素和5-羟色胺的目的。所以当您被抑郁症纠缠住的时候，您大脑中的一些物质已经发生了很大的变化，药物是帮助这些物质恢复正常最有效的方法。仅仅使用转移注意力、鼓励等方法是不能使无味的饭菜里的盐增加的。目前主张选择安全性高、疗效好的第二代抗抑郁药物，药物治疗需要保证足够剂量、全病程治疗。

**（2）心理治疗**

心理治疗对抑郁症的治疗也是十分重要的，大量临床研究证实，心理治疗联合药物治疗，可以使抑郁症患者获得更大的益处，治疗的起效时间及治疗周期缩短，很多时候，一个好的心理咨询师不仅能帮助患者战胜抑郁症带来的痛苦，还能帮助患者更好地心理成长，来预防抑郁症的复发，这一点在青少年抑郁症患者群体中体现得尤为明显。但需要注意的一点是，心理治疗不等于聊天。很多人一提到心理治疗，就认为只是和医师聊聊天，用言语开导开导，所以很多人认为花几百元甚至上千元与心理医师聊一个小时天太不值得，而不愿意选择心理治疗，这是对心理治疗的一种误解。心理治疗的方法有很多，常用的心理治疗方法有认知疗法、行为疗法、支持性心理治疗、动力学心理治疗、婚姻和家庭治疗等，针对患者不同的人格特点及临床症状应该选择合适的心理治疗方法，所以请选择有资质的心理治疗机构就诊，不要让只会聊天的非专业心理工作者耽误您的治疗。需要注意的是，心理治疗常与药物治疗联合使用，对重度抑郁症患者，不能单独使用心理治疗，以免耽误病情。

**（3）物理治疗**

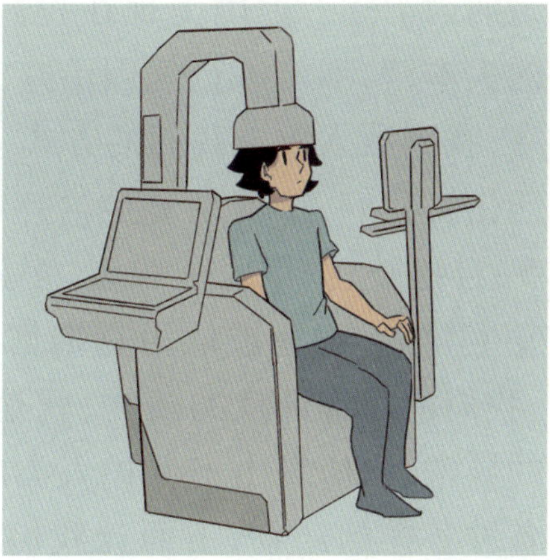

物理治疗是目前治疗抑郁症的一个热点方法，如果合理使用，物理治疗能缩短抑郁症的治疗周期，减少药物的使用剂量。物理治疗主要包括以下几种：改良电抽搐治疗（ECT），大量的临床研究和观察证实，ECT 是一种非常有效的对症治疗方法，它能使病情迅速得到缓解，有效率高达 70% ~90% 。重复经颅磁刺激是一种无创的电生理技术，对抑郁症状有一定的缓解作用，还有生物反馈治疗等,物理治疗方法的优势在于不需要长期使用,但物理治疗不能替代药物治疗,可以作为一种有效的辅助治疗手段。

有效使用以上3种治疗方法,大多数抑郁症患者的症状都能得到有效改善,试想,我们有如此多的方法去锁住抑郁症这头猛兽,所以您不需要对他过分恐惧,早发现、早就诊、早期合理治疗才是控制这头野兽最有效的治疗方法。

(王艺明　夏光源)

## 8 抗抑郁药物有哪些种类?

抑郁症是一种病因不明的疾病,所以抑郁症的治疗尚处于对症治疗的阶段。打个比喻,抑郁症就像我们面临的敌人,消灭敌人最有效的方法就是找到敌人的大本营,从根本上消灭掉敌人,这就是病因治疗。但因为现在我们的医学还没找到抑郁症这个敌人的大本营,不能进行病因治疗,我们目前能做的事情就只能是防守,找到敌人攻击我们的方式,用相应的方法保护我们,让敌人不能伤害我们,这就是对症治疗。科学家目前发现,抑郁症会使得5-羟色胺、去甲肾上腺素、多巴胺、褪黑素等人体内的神经递质发生异常,这些被认为是抑郁症攻击我们并让我们患病的物质,我们治疗抑郁症的药物,就是科学家根据发现的这些神经递质的异常,去研发出来保护人类的,根据不同防护的方式就产生了各种各样的药物,下面让我们来认识一下这些防护抑郁症的堡垒。

抗抑郁药物包括以下分类:选择性5-羟色胺再摄取抑制剂(SSRI)、5-羟色胺和去甲肾上腺素再摄取抑制剂(SNRI)、去甲肾上腺素和多巴胺再摄取抑制剂(NDRI)、选择性去甲肾上腺素再摄取抑制剂(NRI)、5-羟色胺阻滞和再摄取抑制剂(SARI)、α2 肾上腺素受体阻滞剂或去甲肾上腺素能及特异性5-羟色胺能抗抑郁药(NaSSA)、褪黑素能抗抑郁药、三环类抗抑郁药(TCA)、单胺氧化酶抑制剂(MAOI)、其他中成药或植物等。抗抑郁药物种类较多,目前安全性高、疗效好的第二代抗抑郁药物为一线用药,以SSRI、SNRI、α2 肾上腺素受体阻滞剂或 NaSSA 为代表,其中以SSRI 最为常用,SSRI 类药物包括氟西汀、帕罗西汀、舍曲林、氟伏沙明、西酞普兰和艾司西酞普兰等。

如此多的抗抑郁药物是否已经让您眼花缭乱了,其实我们是想让您知道我们有很多控制抑郁症的武器,只是这些武器需要专业的精神科医师来使用才能发挥其作用,就像枪炮需要职业军人或警察才能使用一样,用得好治病救人,随意乱用可能伤害自己。在临床工作中,我们发现很多患者会根据自己的判断,有一些不舒适的症状时就自行服用抗抑郁药物,或已使用抗抑郁药物的患者自行减量停药,这样都是很不好的行为,专业的事情应该交给专业的人做,使用什么样的药物,什么时候加量减量或停用,医师需要根据患者的症状、年龄、体重、性别等因素综合考虑,制定出个体化的治疗方案,并根据服用后的反应做适量的调整,在症状控制一定时间后减量甚至停药,才能让抑郁症尽可能不复发,而不是单纯的根据说明书就改变药物,使用药物前请咨询专业的精神科医师。

(王艺明　夏光源)

# 9 抑郁症服药治疗有效吗?

如果您发现身边的亲人朋友有可能患了抑郁症,心情低落,不愿和人说话,满面愁容,您会让他到医院正规诊断治疗吗?我相信大多数时候答案都是否定的,很多人遇到这样的情况往往会采取以下的方式:①苦口婆心地劝,告诉抑郁症患者,他的生活有多幸福,人生还有多少美好的事物,他周围有多少关心在乎他的人,他不应该这样的不开心,应该高兴起来;②如果以上的方式没有作用,就带他出去旅游散心,认为暂时放下工作及生活的压力,换一个环境转移注意力,他就能调整过来。使用这样的方法后,部分心情低落的人很可能好转,因为他们可能只是因为一些压力导致的抑郁状态,这部分人是能在得到一定的社会支持及改变生活方式后明显好转的。但如果他的抑郁症状已经持续很久,大脑内的物质已经低下了,真正发展成抑郁症了,是很难仅仅凭借非专业的劝说来增加那些特别物质在大脑中的水平来达到治愈的目的。

抑郁症常常有以下特点:①抑郁症状的出现不受患者意识的控制;②症状一旦出现,难以通过转移令其消失;③症状会给患者带来不同程度的社会功能损害。所以如果真的患上了抑郁症,药物治疗是目前治疗抑郁症的主要方法和最为有效的方法。相关研究表明抑郁症患者存在神经生化、神经内分泌、神经影像学、神经电生理等方面的异常。这些生理功能的异常,有的能够在医院检查出来,比如甲状腺功能异常,但很多是用医院的检查仪器查不出异常的,就像前面提到的一样,抑郁症患者很多生理功能上的异常就像饭菜里面的盐,多少从外表是看不出来的,甚至医院的检查仪器也查不出来,但只有吃饭的人才能体会。

轻度抑郁症可能单独使用心理治疗和物理治疗等方法也可得到有效控制，但中度抑郁症，尤其是重度抑郁症甚至有些有轻生念头的患者必须使用抗抑郁药物治疗。我们常常将抑郁症比喻为情绪的疾病，就像刚刚受凉感染（老百姓称之为感冒），喝喝水、多休息可能就能好转痊愈，但如果这种感染加重了，已经发展到肺炎甚至全身严重感染，单纯的喝喝水、多休息就不能解决问题了，甚至可能因为耽误病情影响了生命，必须到医院规律地使用抗生素及其他治疗才能好转。

抗抑郁药物可以理解为就是治疗抑郁症的抗生素，不能滥用，但关键时候一定要用。很多人害怕抗抑郁药物的副作用，甚至有谣言称抗抑郁药物是激素，会让人变成痴呆，用上就甩不脱，因此人们对抗抑郁药物是谈虎色变，很多人因此错过了抑郁症早期这个最关键的治疗时期，这无异于因噎废食，耽误病情。关于抗抑郁药物的副作用，我们会在下一个问题好好和大家谈谈。

（王艺明　夏光源）

## 10　抗抑郁药物有副作用吗？

抗抑郁药物有副作用吗？这可能是所有医师在临床工作中，碰到患者问得最多的问题，我必须诚实地回答您，抗抑郁药物是有副作用的。不只是抗抑郁药有副作用,只要是药物都有副作用,副作用是指应用治疗量的药物后所出现的治疗目的以外的药理作用。一种药物常有多方面的作用,既有治疗目的的正作用,也有非治疗目的的副作用,即使是我们常常认为非常安全的中药、中成药也是有副作用的,使用不当,中药一样会引起身体严重的损害,就像我们中国人常说的阴阳相伴,这是无法分开的。但我认为比起药物的副作用,您更应该关心的是,吃这个药对您是利大还是弊大。俗话说:两害相权取其轻,两利相权取其重,意思是两种危害同时出现时,选择危害较小的,两种利益同时出现时,选择利益较大的,就是这个道理。

那么,让您的身体获得的健康大于损害的药物您为什么不吃呢?一个好医师就好比是一个好的理财师,应该帮助患者尽可能地多获益少损伤。这就要求我们医师一定要知道所使用药物的副作用,提醒患者如何配合医生做好随访,防止出现副作用或出现后及时得到处理。下面就让我们来认识一下抗抑郁药物在治疗过程中可能会出现的一些药物副作用。常见的药物副作用有恶心呕吐、排尿困难、性唤起障碍、谵妄、头痛、头晕、肌阵挛、癫痫、激越、静坐不能、失眠、镇静、体重增加、视力模糊、骨质疏松、心律失常、高血压、低血压、便秘、口干、胃肠道出血、肝脏毒性等。

是不是被这些吓到了?很多患者也是看到了说明书上的这些可能出现的副作用被吓得不轻,药还没开始吃,本就抑郁的情绪又增加了不少焦虑和恐惧。其实这些药物副作用的发生概率是很小的,尤其是像心律失常、胃肠道出血、癫痫等严重的副作用是极少出现的,更为常见的药物副作用主要为恶心、口干、便秘等,如果在专业医师的指导下,使用药物时注意从小剂量开始,缓慢加量,多饮水,这些轻微的药物副作用在一段时间后就会逐渐减轻或适应或消失,甚至很多人没有感受到药物副作用病情就已经好转了。而对于心律失常、胃肠道出血、癫痫、肝脏毒性、谵妄等严重的药物副作用,在绝大多数人身上是不会出现的,即使您的运气差,就是遇到了，也不用过分恐慌，及时停药、定期监测肝肾功能、输液等加速药物的代谢、对症支持治疗等一系列的措施，足以对您的健康保驾护航。

药物的不良反应会影响治疗的耐受性和依从性，需要在临床使用中注意观察、评估并及时处理，但我们不能因噎废食，因为药物存在副作用就拒绝使用药物，疾病的治疗需要医患双方的配合，作为患者，要相信您的医生，他会让您的健康获得最大的收益。

（王艺明　夏光源）

# 11 抗抑郁药物多长时间起效？

我们从小听过一个小故事：《小猴子下山》。讲述的是一只小猴子下山，看见一块玉米地便掰了一块玉米，可是没走多远又看到了桃子，便扔了玉米摘桃子，后来它又遇到了西瓜，又遇到了兔子，可是最后它却什么也没带回家。这则故事原本是用来教育小孩子，做事情要专心，不能三心二意，不然常常会一无所获。其实我们在教育小孩的同时，我们大人常常也会犯下同样的错误，至少在临床工作中，我们就发现很多抑郁症患者在服药的问题上，就犯了和小猴子一样的错误。很多确诊为抑郁症的患者，开始服用一种药物后常常缺乏耐心，未等到这种药物完全起效，就断定该药物效果不好，常常要求医师给他换药，在换的药物没有完全起效时又要求换另外一种药，最后的结果是，病情未得到很好的控制，反而被自己不断换药的行为弄得心烦意乱，认为自己无药可治，一无所获。

我们要理解抑郁症患者遭受的巨大痛苦，因为这种痛苦想在短时间内尽快摆脱抑郁症状的心情，但我们做每一件事都得遵循他的客观规律，就像春天播下的种子，必须经过夏天，到秋天才能收获，服用抗抑郁药物也是一样，药物起效是需要一定时间的，就像一个人爬楼梯一样，只能一步一步地爬，才能到达您想去的地方。

一般使用抗抑郁药物应该从小剂量开始，尽量单一用药，根据病情需要和患者耐受情况，逐步递增剂量，在规律服用药物治疗2～4周开始起效，如效果不佳，应将抗抑郁药物的剂量逐步递增至最大量，并使用足够长的疗程（至少4周），如果患者使用足量药物治疗4～6周无效，才考虑换用其他药物，换药时应遵循的原则为：换用同类其他药物或作用机制不同的药物可能有效，换药无效时，可考虑联合使用2种作用机制不同的抗抑郁药，一般不主张联用2种以上抗抑郁药物。即使您是在医师的指导下规律服用药物，也需要2～4周药物才能起效，而且因个体差异，2～4周起效并不是每个人都会这样，不是说您服用的药物，2～4周后就一定会好，有的效果不佳的需要继续加量等待更长时间，甚至换用药物。

抗抑郁药物主要作用机制为改变患者体内的神经递质，而每种药物对不同神经递质的调节作用是有所侧重的，医师选用药物时是依靠经验的，这并不像精确的巡航导弹指哪打哪，再高明的医生也无法保证选用的药物就一定会迅速起效，而且大多数抑郁症的发生并非一两天就形成的，冰冻三尺非一日之寒，患病如此，治病亦是如此。接受规范化的治疗，可以最大限度地避免患者频繁更换药物导致耐药，最后无药可用或多药联合损害患者健康。

临床工作中，我们发现抑郁症患者或多或少存在一定的性格特征，比如急躁、没有耐心就是很多抑郁症患者都存在的，尤其是抑郁伴发焦虑的患者。等待药物起效的过程其实也是一种让您重新认识自己的过程，让自己认识到在客观规律面前，很多急躁是无用甚至有反作用的。当然，如果患者的抑郁症状过于严重，等待的过程中可能存在自杀等高风险，应在家属的陪同下尽快选择住院治疗，住院治疗过程中除了使用抗抑郁药物，医师还可以使用镇静药物、心理治疗、物理治疗等多种方法帮助患者，让抑郁症患者尽可能早地减轻抗抑郁药物起效前所承受的痛苦。

（王艺明　夏光源）

## 12 抗抑郁药物影响性功能吗？

抑郁症本身就可能导致性功能障碍，并且抑郁症导致的性功能障碍并不仅仅是性欲的缺乏，实际上包括了多种性功能障碍，如勃起障碍、高潮障碍等。所以在判断性功能障碍是否与抗抑郁药治疗有关时，需要根据症状与服药时间前后顺序来判断。若服药前即有性功能问题，服药后无加重，则与药物无关；若服药后加重，可能与药物有关。

抗抑郁药物的药理作用机制主要是阻断某些单胺类神经递质的再摄取，从而增加突触间隙间单胺类神经递质的浓度，起到抗抑郁的作用。从药理作用机制来看，三环类抗抑郁药物，SSRI 的帕罗西汀对性功能有一定的影响，如影响男性的勃起能力、射精障碍及性无能等；女性可导致性欲降低、阴道干涩等。而新一代的其他抗抑郁药物从理论上讲都对性功能有帮助作用，如有人曾试图用舍曲林治疗男性性功能障碍，有一定的效果，但在长期治疗过程中发现也可以导致性功能障碍。总之，这些药物的临床疗效及副作用医生还在总结之中。有一点是明确的，新一代抗抑郁药物对性功能的影响是很轻的，但也有相当的个体差异。

性欲下降、性快感缺失和延缓射精是 SSRI 常见的副作用，当出现严重的性功能障碍时，尽管对治疗的反应良好，也可能要考虑药物减量。然而医生必须平衡疗效与耐受性，一些患者可能在较低剂量下耐受性增加而不影响治疗效果，而另外有些患者则在较低剂量时无法达到满意的治疗效果。重要的是，有些患者可能在任何剂量范围内均会出现性功能障碍。如果性功能障碍的副作用依然存在，可以有两个解决方案：①选用另外的抗抑郁药物；②合用可抵消这种副作用的

药物。不常引起性功能障碍的抗抑郁药物有丁胺苯丙酮和米氮平。一些药物被建议联用以对抗抗抑郁药伴发的性功能障碍，如米氮平、曲唑酮等。

（陈策）

## 13 如何预防抑郁症复发？

抑郁症是可以治愈的疾病，但它又是一种很容易复发的疾病。当您又出现下面这些症状，尚未出现典型的心境低落，即心情不好时，可能已经是抑郁复发的先兆了。

（1）睡眠紊乱

睡眠紊乱是抑郁症最常见的伴随症状之一，也是不少患者的主诉。表现为早段失眠、中段失眠、末段失眠、睡眠感缺失等。其中以早段失眠最为多见，而以末段失眠（早醒）最具有特征性。个别人会表现得贪睡。所以当您有出现比平时睡眠时间减少，提前

一两小时就醒来，或者贪睡，睡不够时，即使心情还好，也要警惕是否复发前兆。

**（2）食欲紊乱**

表现为食欲减退和体重减轻。食欲减退的发生率大约为70%。主要表现为吃饭不香，但是进食量不一定出现明显减少。少部分人表现为食欲亢进和体重增加。

**（3）兴趣减少、动力下降**

对自己喜欢的事物提不起兴趣，像寒冷冬天的汽车打不着火，喜欢安静，喜欢自己一人待着，“提不起心劲儿”。

**（4）注意力不集中、反应速度变慢**

做事容易走神，难以静下心来，觉得自己大脑反应速度变慢，做事效率下降。

**（5）非特异性躯体症状**

这类非特异性症状包括头痛或者全身疼痛，周身不适，胃肠道功能紊乱，心慌气短乃至胸前区疼痛，尿频、尿意等。当您又开始出现身体的多处不适，但是又检查不出疾病时，要警惕是否抑郁症又卷土重来了。

抑郁症会给人带来极大痛苦，对患者的社会功能造成严重损害，增加疾病负担，因此抑郁症的及时、正规、足疗程治疗至关重要。首先，预防抑郁症复发，最重要的方法是坚持服药。随意停止或减少药物用量，可能会造成抑郁症复发。抑郁症的症状有所改善之后，还要继续维持治疗，不可以擅自减量和中断用药。即使用小剂量的药物坚持服用数月或数年，也无法保证不复发。其次，如果起病有心理社会因素，可考虑改变环境、进行心理治疗，避免再次应对应激事件时出现抑郁症复发。再次，康复治疗有助于抑郁症患者回归正常生活，增强对治疗的信心，促进患者社会功能的康复，减少复发。最后，健康生活，注意睡眠、饮食和运动，如果您睡眠不佳，食欲不振，听任自己处于不良的生理状态，您就很容易出现低落情绪，因为日常活动耗尽了您的精力，很快就会把您压垮。

失眠是低落情绪的一种很普遍的后果，反过来它又能使您容易发作抑郁症。在抑郁症发作期间，您很难对失眠采取什么直接的对策，因为您需要集中精力对付抑郁症。因此在您情绪较好的时候，就应该养成良好的睡眠习惯。

对于酒精饮料也要特别注意。酒精能暂时使您逃避问题和烦恼，然而由酒精而激发的那点轻松感和自信是很肤浅的，问题仍然潜伏在表面之下，在暗中蔓延滋生，最终必将爆发出来，带来更深的抑郁，将比以往任何一次更加难以对付。过度节食会使您心情烦躁、抑郁、疲倦和虚弱。

运动能防止抑郁症的发作，有助于增强体力。它也能较快地提高情绪，短时间地缓冲抑郁。对于首次发作的抑郁症患者，在当前的急性期治疗过程中，应尽可能以达到临床治愈的目标。抗抑郁药治疗目前仍是抑郁症的主要干预方式之一，建议您在医生指导下、躯体能够耐受的前提下，接受系统、连续的治疗。不建议您自行停药。给药物一点时间，也给自己一些耐心。相信随着时间的推移，您会逐渐体会到自己状态的好转！

（陈策）

## 14 使用抗抑郁药物会造成依赖吗？

很多抑郁症患者对使用抗抑郁药忧心忡忡，总会满腹怀疑跟医生讲：“医生，我担心使用抗抑郁药有药物依赖，吃完药以后停不下来，不敢吃药。”其实这些患者对“药物依赖”都有一些错误的认识。

真正的药物依赖，又叫“药物成瘾”，表现为长期摄入一种药物导致药效的耐受（使用相同剂量的药物，药效却逐渐下降）及躯体、心理和行为的依赖。根据ICD-10的诊断标准，诊断依赖需要满足以下≥3个标准：针对用药的强烈渴望或冲动、难以控制用药、戒断症状、耐受性证据、忽略其他快乐及兴趣、明知有害后果的情况下持续用药。

所以按照诊断标准，抗抑郁药不会造成药物依赖。精神心理科常见的药物依赖是苯二氮草类药物依赖。在临床工作中会常常会见到一些长期大量使用苯二氮草类药物（如艾司唑仑、氯硝西泮）的患者，他们往往会这样描述自己的药物使用过程："医生，前几年吃半片或一片效果不错，心情或睡眠都有改善，后来药物效果逐渐变差了，需要吃7~8片才管用"，这一类患者就是典型的药物依赖。

但仍有患者会感到困惑，医生为什么我需要长时间使用抗抑郁药，一停药就复发，难道这不叫药物依赖吗？这是因为抑郁症的患者不仅仅会有情感及社会行为的早期改变，身体内也会发生各种各样的变化，比如以5-HT、NE为主的神经递质缺乏。市面上绝大多数抗抑郁药是通过升高神经细胞突触间隙5-HT及NE水平发挥抗抑郁效果，而且有研究发现长期基于SSRI或SNRI类抗抑郁药可以增强突触可塑性，可以改善记忆力。正是基于上述机制，大多数患者会发现服用抗抑郁药一段时间后心情显著改善，对很多事情的兴趣有所提高，思维迟钝、记忆力下降也有一定改善。但是抑郁症本身是一个非常容易复发的疾病，需要长时间的治疗周期。所以当患者没有接受足够长的治疗疗程，自行停药很容易复发。

值得注意的是，经常会有患者这样跟医生讲："医生，我有时漏服一顿药物，就会有心慌、头晕、过电的感觉，全身不舒服。您说我这是不是药物依赖？"如果您或身边的朋友也有类似的症状，请不要担心，这不是药物依赖。有些患者在停药的过程中或因为各种原因漏服药物时会出现一系列停药反应。但停药反应的症状各异，一般停药反应主要分为六大类，如感觉症状、平衡失调、一般躯体症状、情感症状、胃肠道症状及睡眠障碍。其中最常见的是头晕、头痛、平衡感受损、恶心、失眠、生动梦境等。如果出现上述停药反应，也不要太担心，这些症状的出现并不意味已经对抗抑郁药形成依赖。因为大多数停药反应仅持续 1 ~ 2 周，通常程度轻。大多数患者只需要拉长减药的时间，以更慢的速度减药，停药反应较重的患者可能需要换用更长半衰期的抗抑郁药。但在医生的指导下，缓慢减少抗抑郁药物的使用剂量可以有效避免停药反应的发生。

加拿大的一项研究发现，那些因为各种原因未及时去医院就诊接受正规的治疗而选择自我治疗的患者，会更容易用喝酒和药物（非抗抑郁药）来放松紧张的神经，更容易养成酒瘾和药物依赖。这提示抑郁症患者一定要及时就诊并接受正规的治疗，而且一旦开始服用抗抑郁药，一定要长期坚持。

请不要担心抗抑郁药会成瘾，它只会帮助您尽快战胜抑郁症，成为健康快乐的自己。

（王春雪　王铄）

## 15 抑郁症患者需要服药治疗多长时间？

我们经常听到患者问，我需要吃多久抗抑郁药才有效？现在症状缓解了，我是不是可以减药或者不用吃了？吃了这么久，会不会有很多副作用？不可否认，很多患者在抑郁治疗时存在很多误区和担忧，认为症状已经好了或者担心药物副作用就三天打鱼两天晒网，甚至自行停药，但这样做不但会导致病情反复，还可能转为长期难治愈的抑郁症。

副作用确实会有，但因人而异、因时而异，也没那么可怕，一些可能比较温和，包括头晕、恶心、疲劳、视力模糊、性功能副作用、体重增加、便秘、失眠、口干等，严重的可能会出现心律失常、5－羟色胺综合征，表现为过分愉快、容易生气、不知道自己在哪儿、肌肉抖动、僵硬等，而出现这些副作用的概率非常低，因此为了更好地治疗疾病，需要权衡抑郁症带来的痛苦和伤害与服药不良反应之间的利弊。

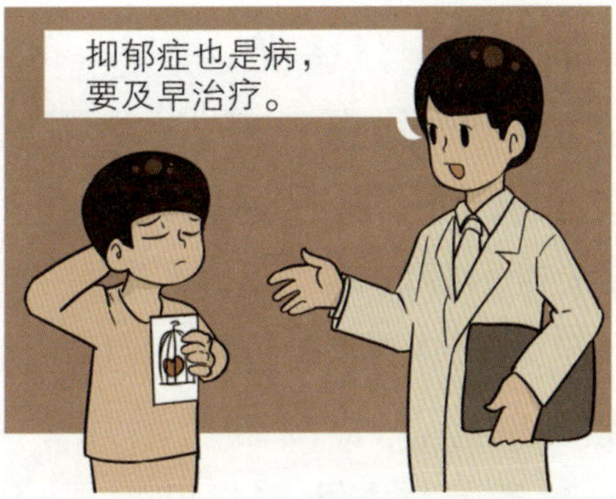


目前抑郁症的治疗倡导全病程治疗，分为急性期治疗、巩固期治疗和维持期治疗，即在感觉症状好转后还需要继续维持巩固一段时间，切不可见好停药。

### （1）急性期治疗

急性期就是指在症状发作期，此期的治疗至关重要，决定了以后疾病的发展。许多患者就诊之前未曾服药或者间隔许久未服药，如果在此阶段，医生给您处方抗抑郁药物，则应当缓慢加量，但需要注意的是，一般的抗抑郁药在 1～2 周开始起效，症状严重者的药物起效时间可能会延长至 2～4 周，因此不要着急，一定按照医嘱用药，等待药效发挥。如果出现不舒服的反应，随时到医院寻求医生帮助，此期需要维持 8～12 周。该期的治疗能尽快控制症状，尽量达到临床治愈，使功能恢复到病前水平，提高患者生活质量。

### （2）巩固期治疗

在巩固期患者的病情仍处于不稳定期，症状还未完全缓解。如果因自我感觉良好突然减药或停药，可能会再次出现急性抑郁发作或症状加重，称为复燃。原则上应继续使用急性期治疗有效的药物，且治疗方案、药物剂量、服用方法保持不变，直至症状完全消失。总而言之，感觉不错后需继续服药 4～9 个月。

**(3)维持期治疗**

抑郁症复发率高达50%～85%,研究表明症状痊愈后6个月内会有20%的患者复发,50%的患者在疾病发生后2年内复发1次。此期的主要目标就是防止抑郁症复发。如果是首次抑郁发作,维持治疗时间为6～8个月,而对于复发2次以上、青少年发病(小于20岁)、伴有精神病性症状、病情严重、自杀风险大、有遗传家族史的患者,需要维持治疗2～3年,多次复发(≥3次)以及有明显残留症状者主张长期维持治疗。当然维持期治疗的时间长短和剂量需结合临床实际情况而定。维持治疗结束后,病情稳定者可缓慢减药直至终止治疗,当然所有治疗方案调整必须在专科医师的指导下进行。密切监测病情反复的临床征象,一旦发现有复发的早期征象,应迅速恢复原治疗方案。

综上,抑郁症的治疗时间至少需要1年,中间需要多次复诊,将自己的症状变化及服药后的反应如实向医生表达,从而让医生更好地进行治疗决策。

如果情绪不好是身体不好导致的,如合并心脏病、甲状腺功能亢进、脑血管病等,首先要进行身体疾病的治疗。如果身体疾病是突发的,因此出现抑郁,则在抑郁症状消失后即可考虑逐步减药或停药。如果身体疾病是长期或慢性反复,或者病情不稳定者,同时被抑郁情绪困扰,在抑郁症状控制后还需要继续巩固治疗一段时间,而既往有焦虑、抑郁病史,并且焦虑、抑郁症状显著,或同时存在明显的家庭、社会等因素,此时需要全病程治疗。

(王春雪　王铄)

# 16 抑郁症患者需要定期复查吗?

这个问题的答案是肯定的。

抑郁症需要定期复查,主要决定因素如下。

**(1)抑郁症是一种慢性反复发作性的疾病,如同糖尿病、高血压一样病程较长,需要服药或心理治疗**

首先,我们要明确抑郁症和抑郁情绪不同,抑郁情绪所有人都会出现,比如考试失利我们会感到沮丧,失恋后会感到悲伤、失落,而抑郁症是一种疾病,病因非常复杂,它可以在一定诱因下起病,有时甚至无任何诱因即可发病。其次,抑郁症可以通过心理治疗和药物治疗缓解,但目前的药物治疗只是对症处理抑郁情绪,并不能像肺炎一样被根治,即使治疗后症状消失,也不能随意停药,如果过早停药病情会反复波动,为患者带来不必要的痛苦。

抑郁症会反复多次发作,正如人生不可能永远风调雨顺,第一次患病缓解后,患者在经历了一些刺激事件后可能会再次复发。即使经过治疗的患者,其中约30%的人可能会在一年内复发,发作2次以上的患者,其复发率甚至高达70%以上。由此可见,抑郁症的病程性质和高复发率决定了患者需要坚持服药并坚持随访,无论采取何种治疗方式,都需要定期复查,得到医生的指导,预防病情波动和复发。

**(2)抗抑郁药物治疗高度个体化,需要根据个体情况调整治疗方案且疗程较长**

1)服用抗抑郁药物后,药物起效需要1~2周的时间,而且抗抑郁药物的剂量需要逐渐加量直至找到一个适合患者的剂量,药物应从小剂量开始逐渐加量,并根据患者的具体病情和严重程度选择不同的治疗剂量。

2）目前使用的新型抗抑郁药物，其安全性较高、耐受性较好、副作用少而轻微，但在开始服药时，也有可能会出现一些药物副作用，如胃肠道反应（恶心、呕吐、便秘、腹泻等）、头晕、口干、焦虑、困倦、多汗等，其中多数会在服药1~2周后逐渐缓解。

3）待患者病情缓解需要停药时，也须在医生的指导下逐渐减少药物剂量，这期间需要定期复诊，评估病情变化并决定随后的治疗方案。

因此，服用抗抑郁药物需要得到医生专业、长程的指导，需要患者定期的复诊。

### （3）服药期间需要复查身体指标

服药期间需要定期复查血生化、心电图、肝肾功能，某些药物会对一些身体指标有影响，因此常规复查是必不可少的，医生会根据患者的具体情况安排复查、转诊或者调整药物治疗方案等。服药期间出现其他疾病（如心房颤动、青光眼、甲状腺功能亢进等），也需要及时复诊，因为一些疾病不适合服用抗抑郁药物，有些药物可能与抗抑郁药物之间存在相互作用，此时及时咨询医生是非常必要的。

### （4）预防风险

严重抑郁症的自杀、自伤风险较高，定期复诊和复查有助于医生全面掌握疾病变化，及时发现病情波动、药物副作用及自杀风险，并根据具体情况调整治疗方案，避免出现意外。

（王春雪　王铄）

# 17 抑郁症需要哪些康复治疗？

疾病痊愈是治疗和康复的共同目标，这样才能实现患者自我功能的最大化。抑郁症的康复治疗包括药物治疗、心理治疗和自助治疗。

药物治疗在康复中起到重要作用，抑郁症复发是非常常见的，病情好转后，如立即停止治疗，85%的患者可能再次发作，即使坚持治疗，仍有20%会复发，尤其反复发作的抑郁症患者或发作时较重的抑郁症患者，为维持病情稳定、减少以后复发次数，通过需要原剂量巩固4～9个月，然后小剂量维持2～3年，坚持全疗程治疗对减少以后复发至关重要！

抑郁症康复期需要了解药物治疗的重要性，坚持药物治疗，目前抗抑郁药物长期副作用相对较小，但需定期进行门诊评估，约1个月1次，3～6个月进行1次化验检查，以尽早发现潜在的药物副作用，抑郁症患者也需学习有关抗抑郁药物的知识，对药物的作用、不良反应等有所了解。

有关停药，应在医生指导下停药，不要自己停药，不在假期前、重大事件（比如结婚）及应激性事件发生时停药，需在几周内逐步减药然后停止。停药后仍需进行数月的门诊随访，以在症状复发时，尽早接受药物治疗。

心理治疗对减少抑郁症的复发有长期疗效。心理治疗是指通过沟通来处理精神状态、情绪问题、适应不良行为等的各种形式治疗，即一名训练有素的治疗者与患者建立起工作关系，旨在减轻症状，纠正不良行为方式，促进健全人格的发展。心理治疗不是简单的谈话治疗，必须由经过培训的治疗师按照心理治疗规范进行治疗,治疗师的资质很重要,而且患者的意愿和治疗依从性、良好的治疗联盟对疗效也很重要。

如果时间和经济能力许可,建议进行长程心理咨询,帮助寻找抑郁症的素质因素,帮助自我成长,治愈抑郁症。自助方式有多种,如运动、阅读、音乐等。

运动是辅助治疗抑郁症很好的方法,户外天地广阔,空气新鲜,阳光温暖。被烦恼包围的时候,不妨到户外踏青、散步,或者进行一些力所能及的运动项目,如球类运动、快走、慢跑等,每次坚持1 ~2 小时,每周 3 次,对改善当下情绪有很大帮助。阅读是指阅读心理治疗相关书籍,研究证实,阅读对减轻抑郁症患者的心理痛苦有很大帮助,同时有助于自我了解、自我认识。另外,音乐也是放松的好方法,忙碌一天后,利用短暂的休息时间,听听自己喜欢的音乐,或者舒缓的音乐,陶醉在优美的音乐旋律中,不仅能减轻疲劳,也能放松精神,使紧绷的心情放松下来,心态也逐渐平和。

（王春雪　王铄）

## 18 抑郁症患者在家中怎样调整?

抑郁症患者度过了急性的治疗期后,怎样在家中进行康复?这是很多患者及家属最关心的话题。很多家属会问:“大夫,回家后患者应该注意些什么呢? 我们家里人应该做些什么呢?”

首先我们先说说患者在家里可以做的有助于抑郁康复的活动。患者在家中需要遵医嘱按时服药,定期至门诊复诊。除此之外,有以下几项活动值得重视。

**(1)有氧代谢运动**

有精神病学专家推荐有氧代谢运动作为治疗抑郁症的重要方法之一,因此患者可在家中选择自己喜欢的有氧运动,如慢跑、有氧运动操、球类等运动。人在运动中,机体的代谢活动增加,有助于消除在体内积蓄的肾上腺素(该激素能使人保持紧张状态)和其他代谢废物,使储存在肝、脾等脏器中的血液大量进入循环中,保证了脑组织、心肌组织等重要脏器的营养供应,有利于患者进入睡眠,从而缓解焦虑,有助于抑郁状态的恢复同时运动会导致内源性阿片肽显著增加,这些内源性的阿片肽可以使人产生欣快感,增加对疼痛的耐受力,提升对食物的欲望,降低焦虑及紧张的情绪,增强患者的自信,可以很好地缓解抑郁症状。因此具有抑郁情绪或已经发展为抑郁症的人群,应选择自己喜欢的体育锻炼项目,1 周保持体育锻炼 3 ~5 次,每次锻炼时间保持 40 ~90 分钟。

**(2)音乐治疗**

音乐治疗又称为聆听法治疗,主要是通过聆听特殊的音乐调整患者的情绪,以便达到缓解情绪的效果。音乐治疗的形式有很多,可以运用各种不同的音乐形式有针对性的干预患者情绪。其主要形式为欣赏音乐,学习演唱歌曲和跳民族舞蹈、交谊舞等。因此患者在家中可选择听一些自己喜欢音乐或者舞蹈。音乐具有提高人体大脑皮质神经兴奋性的作用,可在一定程度上释放情绪、平衡心态,从而使得内心逐渐归于平静,进而有效恢复患者社会功能。

**(3)正念认知疗法**

正念认知疗法是一种将正念和认知行为治疗理念有机结合的心理疗法,主要用于预防抑郁障碍的复发。生活压力、烦躁不安的情绪、神经官能症的思维模式与长期易复发的抑郁有很高的相关性。因此,消除抑郁复发的方法,首先要使人们认识到消极思维的出现预示着抑郁的可能复发;其次,通过某种方式使人们从易复发的消极思维流中解脱出来。随着科技的进步,网络资源越来越丰富，比如手机 APP 喜马拉雅听书，可免费获得音频练习资源，患者可在家中进行正念治疗，正念具有浓厚的东方文化色彩，这与国内患者的心理特质具有较强的匹配度。而正念水平反映了患者对当下经验的觉察，随着正念水平的提高，患者更敏锐地觉察到自我的情绪和想法，有助于及时发现不良情绪，并及时纠正错误的认知。

家庭成员与抑郁症患者之间的互动对抑郁症患者康复有重大的影响。家人除了陪伴在患者身边，也应积极寻求家庭治疗师的帮助，以减少家庭成员间的不良互动，促进患者的自我接纳和调适，积极帮助患者进行康复，同时，应支持患者在日常生活中多与亲朋好友之间的交往，通过同家人朋友的沟通交流意识到同家人之间的问题。

（王春雪　王铄）

## 19　抑郁症为什么需要心理治疗？

随着大众媒体对抑郁症的报道，抑郁症引起了社会各个方面的重视。人的一生中多多少少都会受到这场“心灵感冒”的影响。这种“心灵感冒”有较高的发病率，最新的全国精神疾病流行病学调查显示，重性抑郁障碍 12 个月的患病率约为 4%，而多发生于青春期，青春期发病的群体中，女性个体患病率比男性高 1.5 ~3.0 倍。

抑郁发作的临床表现以情感低落、思维迟缓、意志活动减退和躯体症状为主。情感低落、兴趣缺乏及快感丧失为抑郁的核心症状。有些严重患者还会出现慢性疼痛和身体疾病。不愿学习、工作，严重的不能维持正常的生活秩序。无精打采，郁郁寡欢，自责，内疚，伤害自己，甚至有不想活的想法。在一般医疗环境下的个体中，重性抑郁障碍个体有更多疼痛和躯体疾病，在躯体、社会和角色功能上表现为更严重的减退，产生强烈的自责、内疚，甚至有自伤自杀的风险。

目前，越来越多的抑郁症患者及其家属都能及时发现抑郁倾向并主动求医，有的患者会问关于病因的问题："我的抑郁症是怎么得的呢？家里没有人得过啊？难道我真是被人家气病的吗？和我体内化学物质不平衡有关，还是我的婚姻问题所致？"

研究发现，抑郁症属于大脑的一种疾病，是因为脑内的化学物质变化导致的。这些化学物质的变化使我们的大脑不能顺利运行，导致我们出现失眠、食欲不振，以及思考问题能力的下降，情绪低落。一些生活中的烦恼会变得越来越巨大，难以理解和处理。同时，一些突然发生的意外事件，比如亲人的丧失、下岗、疾病等更会影响我们的心情，使大脑的运行更加困难。所有的抑郁症都有生物性的成分，会导致睡眠、食欲、能量水平和注意力的变化。抑郁的感觉是脑内化学物质变化的反应。但是这些生物学改变，以及不断增多的抑郁症遗传易感性的支持证据并不能改变这样的事实，那就是，抑郁症也同样发生在一定的社会心理情境中。一个人的成长环境、生活事件及与他人的人际关系改变等社会心理因素，都可以对情绪产生明显的影响。研究显示：应激性生活事件，可以诱发一个有遗传易感性的个体罹患抑郁症。

我们无法改变基因，但心理治疗可以帮您更好的发现和处理生活中的压力事件。药物治疗、心理治疗单独或二者联合治疗抑郁症通常都是有效的。生物学因素和社会心理状况紧密联系，很难完全分开。这也解释了为什么药物治疗和心理治疗对改善看起来非常生物性的症状（比如食欲下降）及看起来非常心理性的症状（比如内疚感、自我评价下降）都有帮助。同时，神经影响学研究显示，心理治疗也可以改变脑内化学物质水平。从这个角度来说，心理治疗也是生物学治疗。

目前，越来越多的心理治疗方法被用来治疗抑郁症，包括比较经典的心理治疗方法如精神分析治疗、认知行为治疗和人本主义治疗方法，随后越渐广泛使用的家庭治疗、森田疗法、人际关系治疗、内观认知疗法、正念疗法等，循证证据说明心理治疗对抑郁症的康复及预后都有较好的作用。有的研究发现，心理治疗抑郁症患者和药物治疗同样有效，在之后的随访中，心理治疗的患者抑郁复发率低于药物治疗。但是，不同的患者之间，其个体差异很大，当一种类型的治疗对特定的患者有效时，另一种治疗可能效果很差，因此我们认为，应该根据患者的不同情况进行评估，选择药物治疗或相适应的心理治疗。

（李洁）

## 20 抑郁症的心理治疗方法有哪些？

心理治疗形式貌似一场谈话，但是，这样的谈话和普通人之间的聊天是有区别的。区别在于这是有心理学意义的聊天。治疗师是根据心理学的有关理论和技术来指引这场聊天。治疗师不仅要安慰来访者，更重要的是引发来访者对自身问题的思考，进而解决问题,获得心灵的舒展。

心理治疗是在治疗师和来访者建立良好关系的基础上,经由专业训练的治疗师运用心理治疗的有关理论和技术,对来访者进行帮助的过程;其目的是激发和调动来访者改善的动机和潜能,以消除或缓解来访者的心理问题与障碍,促进其人格的成熟和发展。

各流派心理治疗是如何进行,会为患者带来怎样的帮助。

**(1)精神分析心理治疗**

精神分析心理治疗,或称精神动力取向心理治疗,指的是建立在精神分析理论上的心理治疗方法。原理:人们经常感到难以理解自己,难以控制自己的情绪,情不自禁,情难自控,其实,这些都在提示我们,我们的情感、行为很大一部分受而我们自己难以知觉到的内心影响。这部分内容被称作"潜意识"。精神分析理论认为这部分叫作潜意识的内容是我们从小与父母的互动中逐渐积累并保存下来的。就仿佛模板一样,成年后仍然被我们反复应用,成为目前内心痛苦的根源。精神分析心理治疗就是针对这部分内容工作,通过治疗师和来访者的互动,使潜意识逐渐呈现出来变为意识,清晰地感知、了解,从而更好地理解自己。

人类个体常常由无法意识到的因素决定或者影响着他们的情感和行为。这些无意识因素可能是造成他们痛苦与不幸的来源,这些痛苦可能表现为我们可以看到的症状,也可以表现为困扰自己的人格特点,或者表现为工作、人际、亲密关系上的困难,情绪的不稳定及自尊的受损。由于这些因素都是无意识的,家人朋友的忠告、阅读自助心理书籍,甚至依靠再坚强的意志力也无法缓解这些痛苦。该疗法聚焦于对来访者的无意识心理过程进行分析,探讨这些无意识因素是如何影响来访者目前的关系、行为模式和心理状态的。通过对来访者生活历史的探索,探讨来访者是如何经历既往的人生而发展变化,帮助来访者更好地应对当下的成人生活。

（2）个人中心治疗

个人中心治疗，非指导性疗法，是人本主义心理疗法中的主要代表。人本主义认为，人本身就有自我修复的内心潜力。良好的人际环境促发这样的潜力。治疗师尊重、关心、无条件接纳的态度，耐心温暖的倾听让来访者感受到被认可、被理解，促进来访者更清晰地表达，从而更清晰地看到自己内心的局限和潜能，获得新的认识，积极地应对困难。任何人在正常情况下都有着积极的、奋发向上的、自我肯定的无限的成长潜力。如果人的自身体验受到闭塞，或者自身体验的一致性丧失、被压抑、发生冲突，使人的成长潜力受到削弱或阻碍，就会表现为心理病态和适应困难。如果创造一个良好的环境使他能够和别人正常交往、沟通，便可以发挥他的潜力，改变其适应不良行为。治疗者和来访者之间的特殊治疗关系是整个治疗过程的关键所在。治疗者表示对患者了解、同情、关怀、尊重，接受和愿意听他的倾诉等，对来访者的行为不做任何解释、干涉或控制，使患者内部的潜在资源能得到很好发挥，他能说出内心症结所在，也能获得对自己的清楚的了解，达到治疗的效果。

（3）认知疗法

认知疗法是以纠正和改变患者适应不良性认知为重点的一类心理治疗的总称。它以改变不良认知为主要目标，继而也产生患者情感及行为的变化，以促进心理障碍的好转。

认知理论认为对于同一件事情，不同的人会有不同的反应。这些反应受到人们头脑中认知模式的影响。一些歪曲的认知导致人们出现一些适应不良的情绪和行为。认知疗法就是针对歪曲认知的工作。和来访者从既往的生活中事件中一起找出这些认知，加以纠正。人的情绪来自人对所遭遇的事情的信念、评价、解释或哲学观点，而非来自事情本身。情绪和行为受制于认知，认知是人心理活动的决定因素。认知疗法就是通过改变人的认知过程和由这一过程中所产生的观念来纠正本人的适应不良的情绪或行为。治疗的目标不仅仅是针对行为、情绪这些外在表现，而且分析患者的思维活动和应付现实的策略，找出错误的认知加以纠正。

(4)行为治疗

行为治疗是以减轻或改善患者的症状或不良行为为目标的一类心理治疗技术的总称。

人们经常习惯做一些行为，在行为治疗理论中被称作条件反射。行为的建立、改变和消退都是沿袭一定的规律。奖励或者惩罚都可以使习惯发生变化。习惯可以慢慢养成，改变一个习惯则需要惩罚或者奖励。

治疗中治疗师需要与患者明确治疗目标，确认需要改善的行为，一起确定具体的实施方案，指导督促来访者来实施。常用的技术放松训练、系统脱敏、自我管理、行为技能训练等。

（李洁）

## 21 抑郁症患者妊娠复发风险高吗？

2018 年 12 月武汉市江夏区一名 31 岁二胎产妇郑某，反锁卫生间门，跳楼自杀身亡；2017 年 8 月陕西榆林市一名待产产妇也跳楼自杀。类似新闻层出不穷，究竟是患者方过错还是医院方面过错，众说纷纭。但事后追究于事无补，我们再也不知道死者她经历了什么，是什么让她不顾一切。香港女星袁咏仪在《妻子的浪漫旅行》中也曾谈及产后抑郁的经历。围产期（从妊娠开始到产后 4 周内）抑郁并不少见，孕妇患有抑郁症并不可怕，可怕的是人们往往对它视而不见，任由发展导致不可挽回的后果。且现今国家三胎政策的开放，想要三胎的家庭也在逐步增长。研究发现围产期（妊娠期间和产后 1 个月）孕妇抑郁症患病率在 3%～6%，与普通人群抑郁症的患病率并无差异，但如果有过围产期抑郁女性再次妊娠时，其抑郁复发的风险在50%以上。不只是既往有抑郁症病史的患者会担心妊娠后抑郁症是否会复发的问题，健康的孕妇也担心在妊娠期间或是生产后是否会患上抑郁症。

抑郁症指的是以情绪低落为主要表现的一组疾病总称，常会反复发作，伴随最严重的后果——自杀。简单地说就是心情不好，兴趣减退、活动减少等。围产期抑郁症的临床特点是症状大多是围绕与妊娠相关的生活事件，且具有一定的特殊性，可表现为低落情绪、害怕担心、自责、沮丧、绝望，甚至会出现自杀观念或行为等一系列心理障碍。而且研究发现既往患有抑郁症病史是围产期抑郁症的危险因素，即曾有抑郁症病史的女性在妊娠期间抑郁症复发的可能性增高。关于围产期抑郁发作的具体原因至今未明，但研究调查显示是多方面的因素导致。女性在妊娠期间心理承受来自各个方面的压力，如来自职场上的工作压力，总担心自己完成不了工作，导致被开除，加上中国职场对于孕妇存在的隐晦歧视等。当回到家中，没有来自家庭、丈夫的关爱，甚至是冷言冷语，更增加孕妇的心理负担。还有因为妊娠导致身体上的各种变化及不适，如孕妇在妊娠期间，体内激素会出现大幅度变化以供身体需求，但激素的变化间接影响大脑调节情绪的过程，导致孕妇比平时更容易焦虑抑郁。这都增加了抑郁症患病率。

综上，抑郁症患者如果想要妊娠或是想要二胎，其抑郁症复发的风险相对会增加。但事情也不是绝对的，风险增加并不代表着抑郁症绝对会复发。可以在专业医生的指导下进行孕期备孕，积极配合医生的诊治。在妊娠期间建议尽早采取一些干预预防措施，可以降低妊娠期间抑郁症的发病率。在家庭方面，要多关注孕妇的心理健康，家人给予更多的关爱与理解。孕妇要定期门诊复诊，时刻监控病情变化等。

（李飞燕）

# 22 抑郁症患者除了有自杀风险，会伤害他人吗？

2014年世界卫生组织调查发布每年约有80万人死于自杀，且抑郁症患者每次有自杀行为之前曾有20次以上的自杀企图。而抑郁症患者自杀的人数就远远大于自杀总数1/2。在新闻上我们经常会浏览到明星、素人患有抑郁症而自杀的消息，香港明星张国荣在他演艺事业巅峰时就因抑郁症而结束了自己的生命。每年全世界自杀率都处于上升趋势，我们就不禁问为什么抑郁症患者会自杀。

因为抑郁症患者消极的人生观、自我责怪、自卑等均可引起其强烈的绝望感，让患者觉得"自己活在世上是多余的，活着是痛苦的，而死亡是解脱的"，产生自杀想法，逐渐发展为自杀行为。在门诊经常能看到有些患者的手臂上布满一道道的伤疤，源于心情不好的自伤自残，释放情绪或者说缓解内心的痛苦。其中约90%的患者都曾有自杀想法。我曾读到一句话，"当一个人觉得活着都痛苦的时候，死亡就变得不再可怕"，这句话正是抑郁症患者的心理写照。当他们决定自杀时，态度坚定难以改变。在自杀前会事先计划，选好自杀的时间、地点和方式，甚至伪装病情缓解以欺骗医护人员及家属，难以防范，而常常采取过激方式如上吊、割腕、跳楼等结束生命。

抑郁症患者强烈的悲观生活态度，不只影响着自己，也会影响家庭和谐。担心父母、配偶及孩子和自己一样生活在痛苦之中，会产生怜悯、同情他们的情绪，为了帮助他们摆脱痛苦，常会先杀死他们再自杀，此种行为在医学上称为"扩大性自杀"。这种现象也经常出现在产后抑郁症的妇女人群中，妊娠期妇女是抑郁症高发的一个群体，特别是在产后，产生带着孩子一起离开世界的念头概率上升。她们认为这个世界充满痛苦，充满危险，自己没有能力将孩子抚养长大，而且也不想孩子承受一样的痛苦，会带着孩子一起自杀。新闻报道的这种事情已经屡见不鲜，还有更严重的将丈夫一起杀死。还有其他原因会导致抑郁症患者出现“扩大性自杀”的行为，当患者出现幻听时，尤其是命令性幻听时，如有人在自己耳边说“把他们都杀了”，或是出现被害妄想，认为其他人会伤害到自己时，也会出现伤害别人的行为，严重者可出现“扩大性自杀”。扩大性自杀往往是有目的性、计划性的，难以预防，所以成功率相当高。除了自杀伤人之外，患者可能因为悲观或是排解痛苦等原因，做出违法的行为，如偷窃、纵火、打架等行为。

所以对于抑郁症患者，尤其是有自杀观念或是曾有自杀自伤行为的患者，要特别防止自伤自杀行为，注意其言行，时刻警惕，防止出现不可挽回的后果。如果出现这种严重抑郁症表现，可以到专业的医院就诊，应立刻加入医疗干预，在专业医生指导下进行规范化治疗。

（李飞燕）

# 四、双相情感障碍

## 1 什么是躁狂发作？

30 岁的温华是一个公司的普通职员，个性内向温和。最近半个月他越来越能感受到自己的不平凡，平常需要团队合作的项目自己就可以完美解决，感觉自己就能做个大老板，赚几个亿的钱那不是小意思？他认为自己这么聪明能干，肯定是一个大人物，可以左右世界经济，甚至可以控制宇宙。他变得每天都兴高采烈，精力充沛，仿佛浑身使不完的劲，脑子反应“嗖嗖”地快。原本内向的他也开始能说会道，说话时像“机关枪”似的且不容打断。

夜晚下班回到家，他看到客厅中孩子的玩具乱放，便大发雷霆，因为与妻子的一点小争执就怒火冲天，并冲动地对妻子大打出手。妻子发现他近期晚上不怎么睡觉，反而不停地做事，每天只睡 3 个小时，白天也显得特别精神。花钱变得大手大脚，昨天他听说一个同事的手机摔坏了，立马买了十几台高档手机送给同事。他的妻子终于忍受不了，极力劝说下终于带他来医院就诊，他被收治住院，排除了器质性、躯体疾病、精神活性物质等因素，确诊为躁狂发作。

从上面的案例中我们可以看到躁狂发作患者的表现，它的典型临床表现是心境高涨、思维奔逸和活动增多，可伴有夸大观念或妄想、冲动行为等。比如“没有原因的每天兴高采烈”“大脑思考速度变快、变得过分聪明”“浑身能量爆棚，不停地做事情”“认为自己是大人物，可以左右世界经济走向甚至能控制宇宙”等。

躁狂发作患者大多数为急性或亚急性起病，好发于春末夏初。发病年龄在 19 岁左右，有早有晚，多数起病于 50 岁前。依据《国际疾病分类第 10 版》（ICD-10），躁狂发作包括轻躁狂、伴或不伴有精神病性症状的躁狂发作。

（1）轻躁狂

躁狂较轻的表现形式，发作病程至少持续 4 天，对日常生活及社会功能有一定妨碍。主要表现为：心境高涨或易激惹，精力和活动增高，显著的感觉良好，身体和精神活动富有效率，社交活动增多，说话滔滔不绝，与人过分熟悉，性欲增强，睡眠需求减少，轻度挥霍或行为轻率，自负自傲，注意力集中困难或随境转移。

（2）躁狂发作

病程至少持续 1 周，严重损害日常生活及社会功能，排除器质性精神障碍或精神活性物质及非成瘾性物质所致。主要表现为：心境高涨或易激惹，与个体所处的环境不协调，表现可从无忧无虑的高兴到不可控制的兴奋，同时伴有精力增加和活动过多，思维奔逸，言语急促，睡眠需求减少，正常的社会抑制消失，注意力不能持久，常有显著的随境转移，自我评价过高或夸大，鲁莽行为，性欲亢进，严重者可出现幻觉、妄想等精神病性症状。

躁狂发作的患者是可以治疗的，药物治疗是重中之重。患者需到正规医院就诊，采用规范化治疗，谨遵医嘱，坚持规范用药，定期复诊，可以逐渐回归日常生活和工作学习，达到临床痊愈。

（吕培培）

# 2 什么是双相情感障碍？

案例：温华住院治疗时由一位精神科住院医师接待，医师询问他过往是否有一段时间的抑郁发作，他记起了在读研期间的黑暗经历。父亲的意外去世，实验的失败，来自家庭和学业的压力让他经常失眠，他躺在床上久久不能入睡，每日郁郁寡欢，了无生趣，没有动力，看不到未来，食不下咽，萎靡不振，疲惫不堪，连反应都比以前迟钝，往日能做的实验操作总是出错，这样还怎么能顺利毕业？他的脑海里开始频繁出现自杀的念头，都被他艰难地抵抗住了。这种状态持续了大半年时间，在当时的女友、现在的妻子的帮助下，他勉强调整了过来。住院医师了解到这些信息后，修正他的诊断为双相情感障碍。

什么是双相情感障碍？像温华一样，一瞬天堂，一瞬地狱，在高峰与低谷之间来回波动；既有感到抑郁、孤独并且有自杀观念的抑郁发作，又有感到自己处于世界之巅并且精力旺盛的躁狂发作，处于心境的两种极端。

抑郁发作时心境是低落的，悲观、伤感，兴趣和快感缺乏，动力和精神不足，言语和行为减少；躁狂发作时心境是高涨的，动力和精力增加，言语和活动增多。一般来说，抑郁发作需持续 2 周以上，躁狂发作持续 1 周以上；抑郁发作和躁狂发作严重时都有可能伴有精神病性症状，比如幻觉、妄想等。

双相障碍一般呈发作性病程，躁狂和抑郁常反复循环或交替出现，也可混合存在，每次发作症状往往持续一段时间，并对患者的日常生活和社会功能等产生不良影响。在发作间歇期，症状缓解，社会功能和职业功能恢复；但是有些患者反复发作，出现慢性病程，会残留症状，有社会功能的缺损。双相障碍分型主要有双相Ⅰ型障碍、双相Ⅱ型障碍、环性心境障碍等。

1）双相Ⅰ型障碍是指在整个病程中有抑郁发作，同时还有至少1次达到诊断标准的躁狂发作或混合发作。

2）双相Ⅱ型障碍是指有抑郁发作，还要有至少一次以上的轻躁狂发作；但是不能有达到诊断标准的躁狂发作。

3）环性心境障碍主要特征是至少2年的心境不稳定。反复出现的轻度心境高涨或低落，波动幅度较小，且均不符合躁狂或抑郁发作的诊断标准。

相较于抑郁症来说，双相情感障碍更难以被诊断。因为，双相Ⅱ型障碍的患者轻躁狂症状不易识别，容易忽视，甚至患者会很喜欢那种欣快、反应灵敏的状态，并不认为是疾病导致。所以，如果您或者您身边的亲友有类似抑郁、轻躁狂或躁狂发作的表现时，建议到正规医院精神心理科或精神专科医院就诊，明确诊断，以防延迟就医致使社会功能受损。

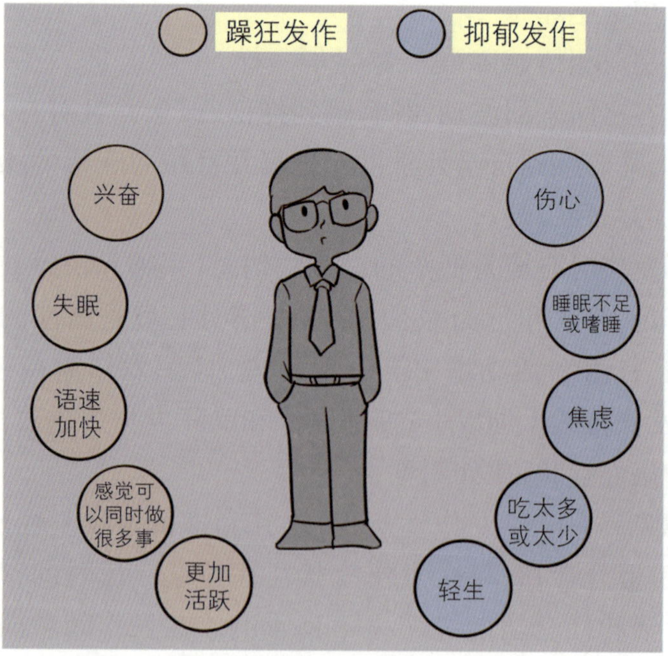

# 3 为什么会患双相情感障碍？

2019 年中国精神疾病的流行病学研究发现，双相情感障碍终生患病率为 0.7%。但是，当首次出现抑郁或躁狂发作后，明确双相情感障碍并得到治疗的时间平均要滞后 8 年。为什么需要这么长时间？这可能来源于人们对它持有不同的看法。

对于上述病例中温华被诊断为双相障碍，但他对自己身上发生的事情仍是疑惑重重。他是真的生病了还是自己的性格和压力导致的心理问题？他自己认为是他的性格所致，他的朋友认为是受环境和压力的影响，医生则认为有生物学因素的存在。谁的观点是正确的？为什么会得双相情感障碍？以下两个例子，让我们来思考双相情感障碍的病因和发病机制。

例一：高血压、糖尿病、宫颈癌等疾病。如果直系亲属中有患这些疾病，那对于后代来说患病的风险较一般人群高，也就是说有一定的遗传倾向。

例二：2019 年底汹涌而来的新型冠状病毒感染疫情。众所周知，新型冠状病毒感染的传染性较非典型肺炎（SARS）高、致死率较 SARS 低。曾有新闻报道，杭州一企业 30 人开会 11 人被感染。被确诊的患者出现发热、咳嗽等症状，这是属于病毒侵袭所致，也就是生物学的因素所致。但那些在场而未致病的人群，一部分原因是他们的身体免疫力好。在面对这场疫情时，有人很快地调适好自己的心理状态，变得平静；有人惶惶度日、焦虑不安；这是他们心理免疫力的不同。

我们可以看到遗传、生物学因素、心理因素可能都与疾病的发生有关。双相情感障碍的病因和发病机制虽尚未明确，但大量研究提示与遗传因素、生物学因素和社会心理因素等有关。

**（1）遗传因素**

研究发现家系中有双相情感障碍患者的，其亲属的患病风险较一般人群高。我们可以发现遗传因素在疾病的发生中占有重要地位，甚至比环境因素重要。对于基因的遗传方式，目前并不明确，大多认为是多基因遗传。

**（2）生物学因素**

神经生化因素是公认的双相情感障碍的主要发病原因。精神药理学研究和神经递质代谢研究发现，双相情感障碍的发生与中枢神经递质代谢异常及相应受体功能改变有关。它们在调节和保持正常精神活动方面起着重要的作用。

研究发现，双相情感障碍患者的大脑结构和功能的改变，神经环路损害及微观结构变化，最终导致双相情感障碍的情感症状发作。

**（3）社会心理因素**

应激性生活事件与心境障碍，尤其与抑郁发作的关系较为密切。应激、负性生活事件（如丧偶、离婚、婚姻不和谐、失业、严重躯体疾病、家庭成员患重病或突然病故）及社会经济差等因素与本病的发病有明显的关系。女性应对应激事件的能力低于男性，更易患病。以上不良因素可以引起叠加致病作用。

（吕培培）

## 4 双相情感障碍患者如何治疗？

温华住院期间，医生给予丙戊酸盐、碳酸锂和喹硫平的药物治疗方案，他的躁狂症状逐渐好转，直到医生准予出院，并告知他要坚持服药，按时复诊。服药后他逐渐出现了困倦、震颤、肌肉紧张和张口困难等症状，他开始质疑自己为什么要服药，他现在已经很难适应以前的工作强度，是病情所致还是药物的影响？他的朋友也劝他说："您只是工作太累了，出去旅游放松一下就好了，别吃药上瘾了。"

当他复诊的时候将这些疑惑告知医生，医生解释了遗传、生物学和社会心理因素对疾病的发生做出了重大贡献，特别是生物学因素。治疗双相情感障碍的药物并没有所谓的依赖，服药是因为要控制体内某些生化物质的平衡，需要外部给予调整。类似高血压患者需要服用抗高血压药物，糖尿病患者因胰岛素的缺乏需要服用药物来调整体内胰岛素水平。经过医生的解释，他明白了症状的产生不仅仅是自身的原因，他要做好与疾病斗争的准备，坚持遵医嘱服药，并调整心身状态。

双相情感障碍患者服药一定要在医生的指导下进行，选择合适的种类，合适的剂量，定期复诊，监测药物的作用和副作用。

**(1)双相情感障碍的治疗原则**

1)综合治疗原则：应采取药物治疗、物理治疗、心理治疗(包括家庭治疗)和危机干预等措施治疗，其目的在于提高疗效、改善依从性、预防复发和自杀、改善社会功能及更好地提高患者的生活质量。

2)个体化治疗原则：全面考虑患者症状特点、性别、年龄、躯体状况、首发或复发、既往治疗史、药物的耐受性等多方面因素，个体化合理用药。同时，治疗过程中需要密切观察治疗反应、不良反应及可能出现的药物相互作用等，并及时调整，提高患者的耐受性和依从性。

3)长期治疗原则：由于双相情感障碍几乎终生以循环方式反复发作，慢性病程，应坚持长期治疗原则。治疗可分为 3 个阶段，即急性治疗期、巩固治疗期和维持治疗期。

4)心境稳定剂为基础治疗原则：不论双相情感障碍为何种临

床类型，都必须以心境稳定剂作为主要治疗药物。

5）联合用药治疗原则：根据病情需要可及时联合用药。药物联用方式有两种或多种心境稳定剂联合使用，心境稳定剂与苯二氮䓬类药物、抗精神病药物、抗抑郁药物联合使用。在联合用药时，应密切观察药物不良反应药物相互作用，并进行血药浓度监测。锂盐的治疗剂量和中毒剂量接近，应定期对血锂浓度进行动态监测。

### （2）双相情感障碍的治疗

1）双相躁狂发作：各类躁狂发作均以药物治疗为主，药物治疗中又以心境稳定剂（锂盐、抗癫痫药等）为主，特殊情况下可选用电抽搐或改良电抽搐。

2）双相抑郁发作：同样以药物治疗为主。治疗双相抑郁时是否加用抗抑郁药物需要根据病情充分权衡利弊后慎重决定，因为这样虽然可以缓解抑郁症状，但也会促使患者的情感状态转向另一个极端。

药物治疗的选择应遵医嘱进行，不建议自行调药，以防产生严重不良反应，甚至加重患者病情。患者如有症状变化或反复，应及时就医，由医生评估后调整药物方案。

（吕培培）

# 5 如何预防双相情感障碍复发？

无休无尽的轻躁狂和躁狂为我的生命带来了完全不同的知觉、感受和思考。尽管当时的我精神错乱，充满幻觉、妄想和狂热，我仍然能够发现自己头脑和心灵当中的一些崭新角落。其中的一些角落是如此美丽非凡，令人难以相信，让人屏住气息，愿意立即为之死去。另一些角落则粗俗丑陋，我从来不想知道它们的位置，也不想再见到它们。但是，新的角落永远存在，当我因为爱或是药物的支持，重新感受到正常的自己时，我无法想象自己会对生命感到倦怠，因为我知道，这些无边无际的角落里，总会呈现出无边无际的风光。

——引自（美）杰米森《我与躁郁症共处的 30 年》

双相情感障碍患者通过一定的治疗，是可以恢复正常生活工作的。虽然他们游走在兴奋和低沉之间，他们的感悟和体验我们无法感同身受，但通过药物治疗、心理治疗和社会支持系统的综合作用，他们会重新扬帆起航。而我们可能并不能体会到那种兴奋的、欣快的、思维敏捷的、精力旺盛的状态。导致双相情感障碍复发的因素主要有：①服药的依从性差或药物剂量不足；②生活事件和应激；③社会适应不良；④慢性躯体疾病；⑤缺乏社会和家庭的支持；⑥阳性心境障碍家族史。为防止复发，坚持药物治疗和早期识别复发症状是十分重要的。

**（1）坚持药物治疗**

绝大多数双相情感障碍患者可有多次复发，只发作一次的双相情感障碍病例仅占 5%。经药物治疗已康复的患者在停药后

1 年内复发率较高，且双相抑郁障碍的复发率明显高于单相抑郁障碍。总之，双相情感障碍有慢性、反复的特点，根据患者的症状调整药物，维持药物治疗以预防复发则十分重要。

**（2）早期识别症状**

患者和家属应了解复发的早期表现，尤其轻度抑郁轻度躁狂，以便自行监控，及时复诊。前面章节已详细介绍抑郁发作及躁狂发作，在此不再赘述。

1）轻度抑郁表现：心情郁闷，愉快感少，高兴不起来，容易伤感、乏力、没劲，不愿与人交往、不愿多说话。很少有轻生、自伤自杀倾向，很少影响社会功能。

2）轻度躁狂表现：比平常兴奋、精力旺盛、效率高，睡眠需要减少，思路敏捷，思维内容丰富，爱开玩笑，幽默诙谐，好管事，好花钱、挥霍，见人想说话，脾气急躁，盲目投资、乱交友、乱性行为等轻率行为。与正常人可能没有很大的区别，但要注意纵向对比。

如果患者病情反复，应及时就医，遵医嘱调整治疗药物的种类和剂量，尽快控制发作，并可以结合心理治疗，以便提高抗复发的效果。作为家人、朋友，应尽可能监督患者服药、定期复诊，解除或减轻他们过重的心理负担和压力，帮助他们解决生活和工作中的实际困难及问题提高应对能力，并积极为其创造良好的环境。

（吕培培）

# 五、焦虑障碍及相关疾病

## 1 什么是焦虑症？

近两年来，随着国产电视剧的热播，收视率较高的《小欢喜》和《小别离》纵然各有千秋，但二者均遇上了同款焦虑暴躁的辣妈。辣妈的焦虑引发了我们对自我情绪的思考。随着现代社会压力的剧增，不管是中青年人、老人、小孩，各行各业，都不约而同地与焦虑沾了边。焦虑似乎无处不在，那么我们所说的焦虑指的就是焦虑症吗？

焦虑一词有多种含义，一般人会把紧张或者烦恼叫作焦虑。正常情况下，多数人会因一些突发事件及生活压力引发日常焦虑，比如面临考试、岗位调动、与亲朋发生争吵等。通常我们会认为这种焦虑为非病理性的。焦虑症又称为焦虑性神经症，是焦虑障碍的一种，常表现为过度的恐惧和焦虑并因此而产生异于日常的行为表现。所以，二者其实是不同的。

日常生活性的担心应当是可控的，当更为紧急的事情出现时，可以暂时放下。而焦虑障碍通常持续 6 个月或以上。在大多数的时间里个体都感到紧张不安，往往过度高估或评价他们所面临的风险，常感无力、失控，担心不好的事情发生，并由此造成了内在的痛苦，引起社交、职业或其他重要领域的功能受损。焦虑症可分为多种亚型，可依据引起恐惧及焦虑反应的刺激及环境类型的不同加以区分。

(1)广泛性焦虑障碍

基本特征是“自由浮动性焦虑”,即对日常生活中的大小事件或活动都产生过度焦虑,多数使用“惶惶不可终日”来表达。所担忧之事可包括工作责任、家庭成员的健康、财务账目等,甚至是更小的事务如做家务、约会迟到等。其担心的程度、频率及持续时间都明显超过了事件本身可能造成的客观冲击。情绪的苦恼,让个体常感到“想控制但总是控制不住”,尽管自己也知道实际上并不存在什么危险或威胁。多数个体伴有肌肉紧张、坐立不安、主观感到紧张或烦躁、易发脾气、注意力难集中或思维空白、睡眠差等额外症状。

(2)分离焦虑障碍

多出现于儿童,表现为个体害怕或紧张与依恋对象(通常为母亲或主要抚养人)分离,而持续担心依恋对象会受到伤害、发生意外而导致与其分离,哭闹不愿离开依恋对象,并伴有噩梦和痛苦的躯体体验。

(3)选择性缄默症

表现为个体在其他情境下虽能够正常交流,但在被期待发言的社交场合却无法发言,并因此造成了显著的不良后果,如孩子在家里、户外口若悬河,但仅在令其感到拘束的环境,假设为学校等特定场合而闭口不语,导致学习、与同学互动受到明显影响。

(4)场所恐惧症

个体对以下多个情境表现出过度的害怕、担心并伴有回避行为。如使用公共交通工具、待在开放或密闭空间、在拥挤的人群中、独自离家外出等。

(5)特定恐惧症

个体在暴露于或接触某个或多个物体、情境时,总是会诱发恐惧及焦虑情绪,并达到与真实风险远不相符的程度,如恐高、恐血、恐蟑螂等。

### (6)社交焦虑障碍

表现为回避社交活动,因在社交场所的不自然表现而遭受明显而过度的恐惧或焦虑,严重的常恨不得找个地缝钻进去。个体的内心是担心被他人负面评价,被为难、羞辱、拒绝或冒犯他人。

### (7)惊恐发作

在焦虑障碍中特征鲜明,是恐惧反应的一种特殊类型,而惊恐障碍则表现为反复出现、不可预期的惊恐发作,这种惊恐发作并不限于特定的刺激或情境。个体常常会感受到突发的心慌、胸闷或呼吸急促等,甚至有大难临头或濒临死亡的感觉,很多患者在症状出现当时常误以为是心血管疾病,因反复惊恐发作而就诊于各大医院的急诊科,严重的甚至搬到医院附近居住。但相关心电图结果往往未能证明存在躯体实质性的损害。

总而言之,焦虑症指向未来,指向可能的危险或不幸,存在潜在的需要未被满足,在观念上是不确定的。与之相对应的抑郁障碍则意味着过去造成的丧失已无法挽回,在观念上是确定的。现实中常可见到个体存在不同程度的焦虑及不同程度的抑郁情绪的混合。

(师乐)

# 2 什么是惊恐障碍？

于先生，电影导演，38岁，近半年余来因为忙于工作而睡眠不规律，常劳累到半夜方能入睡。3个月前因熬夜加班，凌晨1点入睡，凌晨5点醒来上厕所，如厕后突发心慌、胸闷、心跳加快，手抖，伴呼吸困难、头皮发麻、大汗等，内心惶恐，感觉就像被电击了一样，称有种面临死亡的感觉，曾怀疑自己患心脏病而由家人陪同到某医院急诊科就诊，查血液相关指标及心电图，均未发现明显异常，医生给予维生素输液治疗后情况渐好转，嘱回家观察。谁料之后1个月内又先后发作3次，发作场所不固定，先前无预兆，每次发作程度轻重不一，均因担忧威胁生命主动要求到急诊科就诊，为此还专门购买了监测心率的手环佩戴，主诉不发作期间也时刻紧张不安，担忧自己什么时候又会再次发作，为此痛苦、心烦，糟糕的情绪状态已经明显影响了自己的生活和工作，最后被介绍到心理专科医院就诊。

上面这个案例中的于先生患的到底是什么怪病？在医学上，有一种症候群叫惊恐发作。惊恐发作是指突然汹涌而来的强烈的害怕或不适感，这种灾难性的体验在短短几分钟内即可达到顶峰，发作期间可伴随有多种躯体症状及认知扭曲，包括：心悸、心慌或心跳加速；出汗；震颤或发抖；气短或窒息感；哽咽感；胸痛或胸部不适；恶心或腹部不适；感到头昏、脚步不稳、头重脚轻或昏厥；发冷或发热感；麻木或针刺感；感觉不真实或感觉脱离了自己；害怕失去控制或“发疯”；濒死感，害怕马上就要丧失生命。

于先生存在心慌、胸闷、呼气急促等大量躯体表现，也有像被电击、面临死亡的“濒死感”发作，就是一种明显的惊恐发作，综合考虑其病程：1个月内有超过3次以上的发作，症状持续3个月以上，已可诊断为惊恐障碍。惊恐发作与持续存在的焦虑症状区别在于前者发展迅速，症状达到顶峰仅需数分钟的时间，往往也更加严重。

惊恐发作存在可预期的和不可预期的两种特征性的类型。预期的惊恐发作指被明显的事件激发后可出现，如与人激烈争吵情绪不稳后。而不可预期的惊恐发作则无此规律，如可在十分放松的状态或夜间刚睡醒时发作。于先生首次就是典型的在夜间发作，其余3次，发作场所不固定、先前无预兆，应归类于不可预期的惊恐发作。

惊恐发作几乎可以出现在任何精神障碍如焦虑、抑郁、强迫症等疾病的背景下，或者像心脏病、甲状腺功能亢进等特殊躯体疾病中。而当惊恐发作符合诊断标准，那么应考虑诊断“惊恐障碍”。惊恐障碍发作频率及严重程度也各有不同，中度频率的发作如每周一次，持续数月；或是频繁的短暂发作如每天均发作，但间隔数周或数月无任何发作；也可是低频率的发作如每月两次，持续数年。

在发作间期，惊恐障碍的个体会持续地对再次出现惊恐发作或其后果产生担心，并由此出现预期性的焦虑。案例中不发作期间也时刻紧张不安，担忧自己什么时候又会再次发作就是典型的预期性焦虑。

（师乐）

# 3 焦虑症的治疗有哪些?

焦虑症的治疗通常包括药物治疗和非药物治疗两大部分。非药物治疗包括心理治疗、物理治疗及运动放松等。由于焦虑症患者往往会过度高估他们所面临的风险,将困难扩大化或者将自我能力矮小化,所以对心理治疗反应较好。而在失控感明显、个体已明显不能通过自我调节而改善症状的程度,则可增加药物干预。

## (1)心理治疗

焦虑症的心理治疗方式因人而异,根据病情酌情选择。一般首选认知行为治疗改变患者的不良认知和不健康行为。

1)支持性心理治疗:焦虑症的患者由于病情本身的原因而过于担心,或者由于个性问题本身就很敏感和恐惧,早期可由医生引导进行健康教育,让患者了解哪些症状是由焦虑引起的,哪些是潜在疾病引起的,提高对焦虑症的认识,提高患者的配合度,也能促进疾病更好的恢复。

2)认知行为治疗:这种治疗方法通常由治疗师与患者一起进行结构式的谈话,帮助患者认识自己的某些特殊认知(例如想法、信念和态度)、行为和情绪调节的无用模式,从而缓解来访者痛苦并减轻其相关症状。如引导患者发现过度夸大困难和自我退缩的情况,进行思维的梳理和纠正,帮助其增加自信,将其对困难的认识降到正常情况;鼓励患者积极的、对疾病有帮助的建设性行为,如规律作息、运动、做手工等。长此以往,患者的病理信念就会动摇,积极行动的增加也会提升患者的治疗动力,总体而言,认知结合行为治疗可以帮助患者尽快地恢复。

3)心理动力学治疗:该治疗通过测试患者的人际关系模式,主要探讨出更好的处理情感、表达需求、应对他人的方法,因此可以减少人际冲突、帮助患者处理焦虑、紧张的不良情绪。

4）放松训练：患者的焦虑大多具有慢性、泛化的特点，适当的放松能帮助患者舒缓紧张情绪，减少精神和躯体不适。放松训练可采用呼吸放松、游泳、打太极拳、瑜伽等。

5）正念治疗：近年来，正念治疗作为新兴的心理治疗方法被越来越多地运用于临床。正念是指有目的的、有意识的，关注、觉察当下的一切，而对当下的一切又都不做任何判断、任何分析、任何反应，只是单纯地觉察它、注意它。正念训练中，身体扫描和观呼吸训练简单易行，不需要特殊设备或环境，居家就可以达到较理想的效果。

**（2）药物治疗**

焦虑障碍患者在高度应激状态下，短期使用药物是必须的。应按个体敏感性及睡眠情况选用药物。目前医学上已经有较多种药物治疗焦虑，常用的药物有苯二氮䓬类及抗抑郁药物。

抗抑郁药对焦虑和抑郁症状均有效，服用药物需要专业人员的指导，规范科学地治疗，能够保证服药的安全性和有效性。

**（3）其他治疗**

在药物和心理治疗欠理想的情况下，还可以考虑物理治疗，如经颅磁刺激、生物反馈治疗等方法。

焦虑症的临床治愈率较高，在医生的指导下选择综合治疗，有望达到一个非常好的效果。

（师乐）

# 4 如何预防焦虑症复发？

焦虑症患者积极寻求医治，也能配合医生治疗，但为什么就“不能根治”，还常常遇到病情复发的困扰呢？

案例：40岁的杨大姐半年前曾担心借给亲戚的外债拿不回来影响儿子读大学，而在某心理医院住院治疗1个多月，被诊断为“焦虑症”，当时医生给予了药物、心理及经颅磁刺激等治疗，患者临床好转出院。出院时医生明确交代建议她服药1年以上，提醒要结合运动放松、规律作息等，并定期复诊。杨大姐回家后5个月尚能坚持服药，也能下地干活，但是左右邻居听说她有焦虑症，都以另类眼光看她，认为这种根本就不是病，是杨大姐“想多了”，有的亲戚劝她不要吃药了，“吃多了伤身子”，有的还拿杨大姐开玩笑，说不会是神经病吧。杨大姐被闲言碎语唠叨多了，也开始动摇起来，认为自己病好了，决定停药试试看，结果不到1个月病情复发来诊，症状为心慌、多汗、失眠及过分紧张，易在乎别人的看法。至此，家人不免疑虑，“这药也吃了，还能复发？怎么这病就不能断根呢？”

目前由于医学的局限性，很多疾病，包括普通的感冒都没有“根治”的说法，何况精神障碍本身就具有复发的可能性，所以焦虑症也不例外。

我们强调，焦虑症的治疗目标是缓解或消除患者的焦虑症状及伴随症状，恢复患者的社会功能和预防复发。一般药物治疗建议使用1年以上，如同在杨大姐首次住院出院时医生交代的那样。那么，规范治疗后，我们自己还能用什么办法去预防焦虑症复发？

1）大家不可轻信谣言或者“迷信”等私自停药。治疗期间可密切关注病情变化和不良反应。使用抗焦虑抑郁剂常见的药物不良反应包括恶心、呕吐、头晕、头痛、焦虑不安、失眠、嗜睡或性功能障碍等。苯二氮䓬类药物（俗称“安眠药”）使用时应注意成瘾问题。一般使用2～4周症状减轻后可考虑开始慢慢减量，用量越大减药就越慢。具体解决方案需复诊咨询医生。

2）患者可通过医生的指导或看书学会应对不良生活事件、家庭矛盾、工作压力等问题的技巧。凡事不必强求，改变对挫折、压力的看法，逐步认识到压力并不全都是坏的，学会换个角度看问题，树立积极健康的心态。

3）注意保持规律作息，适当运动。躯体活动有利于缓解焦虑，对那些平时容易急躁的人，应多参加慢跑、下棋、游泳、做瑜伽、打太极拳等运动，可有助于自我放松、稳定情绪。

4）正念训练中的身体扫描、呼吸观察等方法，也可以有效预防疾病复发。平时可找一个安静、无人打扰的地方进行以上两个练习，有助于自己在情绪紧张的时候镇定从容。急性焦虑发作的时候，反复做几次，您身体的放松会带动精神的放松。

5）对于处理稳定期的患者，预防复发可从饮食上进行把控，一般对有消化道症状的患者，应合理安排生活，防止暴饮暴食或不规律进食；伴有心慌、胸闷等心脏神经功能兴奋及失眠患者，则避免食用咖啡、烟酒、浓茶及辛辣刺激食物。因为上述物质有可能兴奋交感神经，使心跳加速、期前收缩、难入睡等问题出现或加重。

6）建议患者的家属也要参与到预防复发中来，家属需提高对疾病的认识，了解疾病产生的原因及具体表现，消除家庭环境或家庭教育中的不良因素。家属可督促患者按时服药，家人的重视能令患者受到鼓励、使患者增加外部力量积极面对生活，提供了更良好的社会支持，一定程度上能降低复发概率。

焦虑症患者应合理治疗，最大限度地缓解症状，改善社会功能和生活质量，焦虑症的复发频率相对较高，合理的应对和预防，可以减少焦虑症的复发，若病情波动，可及时就医。

（师乐）

# 5 什么是躯体形式障碍?

生活中有这样一群人,总是感到浑身不适,怀疑自己有病,反复检查又查不出问题,难道这些不舒服都是凭空想象出来的吗?

案例:46岁的李阿姨就是个活生生的例子,李阿姨一直性格内向、多愁善感,同事关系欠佳,下班后要照顾孩子、做家务,还得忍受丈夫的暴脾气,心里的苦没法诉说。1年前因为丈夫外遇闹离婚,最后家人调解、丈夫乞求原谅,最后婚姻维持原状。但丈夫一直对其忽冷忽热,李阿姨总是感到心里憋屈,开始出现心烦、焦躁,反映自己头痛、心慌、腹胀、恶心、想吐、多汗、疲乏无力等。总怀疑自己是不是胃肠道或心脏出现了问题。为此,曾反复到各大医院的消化科、心血管科、神经内科就诊,但血液、心电图等指标均正常,曾按照胃炎等治疗均未见明显好转。众人都说李阿姨患了个怪病,纷纷议论会不会是什么难治之症。症状持续1年半后由朋友介绍她到精神专科医院求治。

医生通过详细询问病史、查体和相关检查后,考虑李阿姨患了“躯体形式障碍”。这个疾病是以持续存在对患者个体而言令人痛苦的躯体症状和对躯体症状过度担忧为特征的一组精神障碍。在旧的诊断标准中,人们更愿意称其为“神经官能症”。这类患者能明显感到身体不适,为了查出原因常常周转于各大医院,反复去诊治,寻求权威认可,没完没了地检查,就算检查出阴性的结果他也不信,甚至有的人根深蒂固地认为,自己的病就是疑难杂症,只是由于医生技术问题或者检查仪器还没发明出来,所以反复担忧自己会被漏诊及延误治疗。

李阿姨的症状很典型,关于这类患者,其实他们本身的不舒服确实是真实存在的。我们常说,情绪会有躯体反应,怎么理解呢?比如一个人常说“我的肺都要气炸了”“气得我晕头转向”“把我都

给气饱了”，又或者说“真是甜到我心窝里了”等，都说明了情绪是会有躯体反应的，而消极的情绪又能给身体带来不舒服的表现。

躯体形式障碍的发生通常受多方面的综合因素的影响。躯体症状可能是内心压抑与矛盾冲突的外在表达。比如性格过于急躁或者内向、不善言辞的人本身不具有分享情绪和转化消极体验的能力，李阿姨本身性格内向，遇事可能会选择压抑这种不良的应对方式，什么事都憋心里。人际关系不良也是导致发病的一个因素，与同事关系紧张、与丈夫沟通不畅，没有一个良好的社会支持帮助自己，久而久之，不良情绪便会转化成躯体不适的症状显现出来。

这类患者躯体不适出现后，由于过分地关注，又会不断加重症状。心理学上有个法则叫“吸引力法则”，指思想集中在某一领域的时候，跟这个领域相关的人、事、物就会被它吸引而来。举个例子，我们若总是强调自己头晕、头痛，您越这么暗示自己，这种头晕、头痛的感觉就会越来越强烈，最后这种不舒服的感觉就真的体现出来了。

对于躯体形式障碍患者，内科用药往往不能缓解其症状，李阿姨就是按照胃炎等治疗均未见明显好转。临床中有些患者血压受情绪变化影响较大，平时血压正常，情绪激动或过分紧张时收缩压可高达 180 mmHg，但此类患者血压波动大、忽高忽低，用抗高血压药反而会让患者感觉不适，这种情况可让患者先平复心情，做正念冥想或观呼吸等可帮助放松。

目前，躯体不适障碍的诊断识别率明显偏低，患者更多地把注意力集中于自身的躯体不适及相关事件上,导致感觉阈值降低,增加了对躯体感觉的敏感性,易于产生各种躯体不适和疼痛。而及时识别自身的躯体症状,接受合理的医学建议,可避免不必要的检查及医疗资源的过多消耗。多元化综合疗法可加强疗效,有利于患者较快康复。

(李飞燕)

# 6 什么是疑病症?

在读研时我曾遇到的一名患者。当时我跟着导师在门诊,我记得那天门诊也与往常一样"人多",诊室门口也挤满了人。这时候进来了一个女患者,她说能不能让其他患者离远点,人太多,她紧张。我当时心想:要求挺高呀,等待就诊的人这么多,如果每个人都提出要求,门诊还能继续吗?虽说心里有些微词,但我还是满足了她的要求。之后就如往常一样开始问诊,但没想到她的故事有了开始就没有结束。她说:刚开始的时候我只是觉得我的下颌关节不舒服,也没太在意,后面慢慢地觉得唾液在不停地在分泌,有点担心是不是自己出了毛病。到医院就诊后,检查结果都正常,医生说:颌面部关节不适是存在炎症,使用药物对症治疗,而分泌唾液是每个人有的正常生理表现,不用过于关注,身体状况良好。但我对医生的话始终半信半疑,初期只是空闲的时候觉得不舒服,后面慢慢发展到工作时、做家务时甚至连睡觉做梦都能梦到不舒服。然后我就开始了看病的道路,不停地辗转各个医院、各个科室,口腔科、神经内科、咽喉头颈外科、中医科等我都去看过,检查结果都正常,医生也只是嘱托我好好休息,调节心情,不要过多关注。但我自己控制不住地反复纠结，以致我现在不能正常上班，家人也对我不耐烦，觉得我的不舒服是装的，没事找事。曾有医生建议我到精神心理科咨询，当时的我对医生充满敌意，认为是医生在侮辱我，明明我身体上的不舒服，为什么总是认为我有心理问题。今天我已经是走投无路了，只能来试试。当她讲述病情时，我们看完她一大摞的检查结果，确实如她所说，最后我们让她住院配合治疗。在毕业之前在门诊曾碰到她来复诊，病情恢复得不错，脸上也出现了笑容。其实她患上的是躯体形式障碍疾病分类中的一种，被命名为“疑病症”。这只是我在碰到无数患者中的一个，像类似患者并不罕见，患者经常都是在最后不得已的情况下才到精神心理科就诊。如总有人怀疑自己患狂犬病，反复去医院检查均不能打消其疑虑，这其实也是疑病症的另外一种表现。

疑病症的主要表现为担心或相信自己患有某种严重的躯体疾病。过分关注自己身体健康，经常感觉身体不适或是身体的某部位不适，总是忧虑担心自己患某种疾病，或是怀疑已患有某种疾病，反复就诊于各个医院科室，各种客观检查结果未见明显异常，均不能解释其身体不适状况，但不能打消其患有疾病的疑虑。也不接受医生对于其身体的不适并不代表着躯体疾病或异常的解释和保证，相反会怀疑这是医生的各种说辞的，严重者会认为是医生医术不佳，然后重新开始踏上就医之路。门诊上会经常见到带着焦虑抑郁情绪就诊的患者，拿出一大摞的检查结果，时间可以追溯到几年之前，但均不能解释其现在身体不适的原因，或者说检查结果均呈阴性。很多疑病症患者都带着一定程度上的抑郁或焦虑，研究也发现疑病症患者易共病抑郁焦虑。患者身体上的不适，其焦虑抑郁都影响着家人，不止他日日受着折磨，连家人也是如此。经过几年的折腾，把钱折腾没了，把工作折腾没了，家人也烦透了。最后都是抱着试试的态度来到精神心理科，或是抱着最后的救命稻草念头就诊心。虽说疑病症的患病率较低，但疑病症患者躯体不适确实是存在的，这不止会折磨自己，还会连带着折磨家人。

疑病症并不是不能治疗，在经过医生认真评估之后，可给予药物治疗，也可一定程度上缓解患者的抑郁焦虑，在药物治疗过程中可以加入心理治疗。在尽量不影响患者日常生活工作的情况下治疗，积极配合医生规范化治疗，疾病可以临床痊愈，回归日常生活和工作。

（李飞燕）

# 六、进食障碍

## 1 什么是进食障碍？

进食障碍即人们通常所说的厌食症（或贪食症）是指以进食行为异常、对食物和体重体型的过度关注为主要临床特征的一组综合征，也是心身医学中常见的一类疾病，主要包括神经性厌食和神经性贪食。

### （1）神经性厌食

神经性厌食是以患者有意严格限制进食、使体重明显下降并低于正常、身体功能损害为主要特征的一类进食障碍。最常见于青少年和年轻女性，男性患者相对少见。主要表现是患者强烈地害怕体重增加，恐惧发胖，对体重和体型极度关注，有意造成体重明显减轻，导致营养不良，常出现全身代谢和内分泌紊乱，如女性出现闭经、男性出现性功能障碍，严重患者可因极度营养不良而出现恶病质状态、机体衰竭甚至危及生命。该病死亡率高达5%～15%，是所有心理障碍中死亡率最高的。

有些人认为厌食症和强迫症有类似之处，最初患者只是为了“减肥”而少吃少喝，渐渐却形成强迫观念，甚至不吃不喝，其后果是体重严重下降，患上厌食症。厌食症患者最主要症状是对食物提不起兴趣，没有胃口开怀吃东西。患者的想法和实际情况相差很远，即使已经很瘦了，还老是觉得自己很胖。有部分厌食症患者对食物的兴趣是正常的，只是有些患者存在严重的认知歪曲，即尽管非常苗条，甚至消瘦、体重低于正常，仍然坚持认为自己肥胖，仍然需要限制饮食；尽管身体越来越虚弱，但对体重、体型的担心和焦虑有增无减。不少患者有一些比较荒谬的想法，例如“只要食物送入口中，立即感到身体胖起来”，同时伴有强烈的焦虑、恐惧情绪。厌食症患者给自己设定的理想体重往往明显低于按照身高计算的最低标准体重，是不健康的体重，这也是厌食症与正常减肥的差别所在。

厌食症患者往往有很多行为或情绪方面的问题。比如采用极端的方式控制体重：神经性厌食患者并非真正厌食，而是怕胖。为了达到所谓“苗条”而忍饥挨饿，但他们的食欲其实一直存在。即使部分患者诉说“无食欲”，可能是由于强烈的减肥意志而否认饥饿感，或是严重营养不良导致消化功能减弱所致。

患者为了达到自己的极端目标，常用限制进食、过度锻炼、呕吐或服用泻药等方法，这些行为具有非理性、极端的特点。

**（2）神经性贪食**

贪食症，是以反复发作性暴食及强烈控制体重的观念为主要特征的一类进食障碍。患者常采取极端措施以削弱所吃食物的“发胖”效应，年轻女性（<30 岁）多见，并多在青春期和成年初期起病，发病年龄常常较神经性厌食晚。主要表现是反复发作、不可控制地暴食，继之采取防止增重的不适当的抵消行为，如禁食、过度运动、诱导呕吐、滥用泻药、利尿剂、食欲抑制剂、代谢加速药物等，这些行为与患者对自身体重和体型的过度关注和不客观的评价有关。与神经性厌食患者不同的是，神经性贪食患者体重正常或轻微超重，30%～80%的神经性贪食患者有神经性厌食史。神经性贪食的发病率随年龄阶段的不同而有差异。神经性贪食的性别比例和神经性厌食相似，90%～95%的神经性贪食患者是女性。神经性贪食发病年龄往往较神经性厌食晚，多发生在青少年晚期和成年早期。

此类患者往往也有很多行为或情绪方面的问题。比如频繁的暴食发作，暴食发作是贪食症主要的临床症状，常常在不愉快的心情下发生。每个患者发作的频率不等，轻者几天一次，严重者可达每日一次或数次。

（窦为峰）

## 2 进食障碍有哪些药物治疗？

虽然进食障碍可以有神经性厌食、神经性贪食等不同的表现形式，但总体治疗目标是一致的：尽可能地去除严重影响躯体健康的异常进食相关行为，恢复躯体健康；治疗躯体并发症；提供关于健康营养和饮食模式方面的教育；帮助患者重新评估和改变关于进食障碍的核心的歪曲认知、态度、动机、冲突及感受，促进患者主动配合和参与治疗；治疗相关的精神问题；通过提供照料者指导和家庭治疗来争取家庭的支持；防止复发和恶化。进食障碍总体治疗原则和路径如下。

治疗原则：多学科协作治疗的原则、全面评估的原则、综合治疗的原则。

治疗路径：精神科专业门诊—全面评估（躯体状况、精神状况、进食障碍症状、风险、家庭支持系统）—决定治疗场所（综合医院、精神科门诊、精神科住院）—营养治疗、躯体治疗、精神科治疗、社会心理干预—评估疗效，决定下一步治疗方案。

### （1）神经性厌食的精神药物治疗

1）选择性5-羟色胺再摄取抑制剂：《中国进食障碍防治指南》中推荐氟西汀、西酞普兰、舍曲林等可以用于厌食症的治疗。SSRI在神经性厌食患者中使用注意事项：除一般常规禁忌证外，为减轻对胃肠道的刺激，通常在早餐后服药。因为营养不良的患者对

SSRI 的副作用往往更加敏感，所以对神经性厌食患者使用 SSRI 时应从最小剂量开始慢慢增加剂量，需严密监测并及时处理患者对药物的不良反应。

2）去甲肾上腺素和特异性 5－羟色胺抗抑郁药：主要是米氮平，由于该药物可能引起中性粒细胞减少，且神经性厌食患者因营养不良本身就有血细胞减少的风险，所以不建议作为治疗神经性厌食的一线用药。

3）三环类抗抑郁药：阿米替林在改善神经性厌食患者的贪食症状及促进体重恢复方面有一定优势。

4）其他药物：①奥氮平，研究表明小剂量奥氮平可促进神经性厌食患者的体重增加，并改善抑郁、焦虑、强迫、攻击倾向等相关症状。②喹硫平，有助于减轻神经性厌食患者与进食相关的强迫思维和抑郁症状，但对体重增加的疗效欠佳。

**（2）神经性贪食的精神药物治疗**

现有证据表明 SSRI、TCA、MAOI 及 SNRI 等在短期内均有助于减少神经性贪食患者的暴食和清除行为，在安慰剂对照研究中各种抗抑郁药对暴食和呕吐的减少率可达 30%～75%。还有证据表明抗抑郁药对伴有明显抑郁、焦虑、强迫、冲动控制障碍或对心理治疗反应不佳的神经性贪食患者有进一步疗效。其中，SSRI 治疗神经性贪食的有效性证据最多，副作用也最少，建议为首选用药。相比之下，TCA 和 MAOI 药物不建议作为神经性贪食患者的首选治疗。

当神经性贪食患者使用抗抑郁药疗效不佳时，应询问患者服药与清除行为的间隔时间，还应注意患者对药物治疗的依从性。有时往往需要陆续试用几种药物才能找到对某一患者有效又耐受的药物。抗抑郁药停用 4～6 个月后神经性贪食复发率达 30%～45%，因此，维持治疗很重要，大多数临床医生建议连续使用抗抑郁药治疗至少持续 9 个月。

（窦为峰）

# 3 厌食症有哪些补充营养的办法?

厌食症患者的营养治疗方法是一套系统的操作,首先需要设定目标,其次根据患者的状况及治疗进度不同的阶段有不同的营养治疗方法。

### (1)设定营养治疗目标

对于限制型神经性厌食(远远低于标准体重)患者,营养治疗的目标就是恢复体重,使饮食模式正常化,获得对于饥饿和饱胀的正常感知,以及治疗由于营养不良导致的生理和心理的后遗症。神经性厌食的营养治疗,首先需要制定健康目标体重,开始治疗时就应与患者公开讨论目标体重的问题,但也要慎重考虑患者对于体重增加的极大恐惧。常用的原则是通过评估告知患者需要恢复的理想体重,然后协商阶段性的目标。

一般来讲,临床上操作性较好的目标体重可先设定为正常体重的低限,在亚洲成年女性推荐为体重指数至少为 18.5 千克/平方米(正常范围为 18.5 ~23.5 千克/平方米)。结合青少年患者的月经史和骨骼测量、父母的平均身高和骨架评价、青少年生长曲线,来判断现在年龄的个体“预期”体重的适宜范围。

### (2)设定营养重建方案

对于显著低体重的个体,营养重建至少要经历 3 个阶段——稳定化阶段、恢复阶段、巩固维持阶段。

1)稳定化阶段的营养方案:本阶段应保证患者每日热量摄入在 1 400 ~1 500 卡,建议分 5 ~6 餐完成(3 次正餐,2 ~3 次加餐)。根据患者躯体状况和心理承受能力,食物内容可包括普通食物和/或营养补充剂(如安素、能全力等),并可以根据患者的躯体反应进行调整。这一阶段应严密监测患者的出入量、生命指征和实验室相关指标，尤其是电解质水平。有些患者同时需要控制饮水量，在改善脱水的前提下防止和/或减轻水中毒的发生及严重程度。

2）恢复阶段的营养方案：本阶段以逐渐增加热量摄入，保证体重稳步恢复为目标。恢复体重的速度住院情况下以1~2千克/周为宜，门诊则以0.5~1.0千克/周为宜。为保证体重的恢复，患者热量摄入需要在维持基本代谢需求的前提下，额外摄入热量1 000卡/日，这意味着每日总热量摄入至少在2 200~2 500卡。随着患者的康复进程，其体重增加和基础代谢率提高，体重增长的速度会变慢，需要的热量摄入会相应增多，最多可达3 500卡/日。建议这样的体重增长方案一直持续到体重恢复至目标体重乃至健康体重，即女性恢复规律月经，所需时间常为数月。

3）巩固维持阶段的营养方案：本阶段以维持体重，学习自我监控和维持进食为目标。这个阶段患者开始练习如何自我安排饮食和自我监控，保证足够的热量摄入以维持健康体重。热量摄入通常在1 800~2 500卡，具体因个体代谢水平和运动消耗水平不同而不同（通常男性患者所需热量更高）。

### （3）营养方案的实施

营养重建计划应在共情、包容的氛围中进行。医生要向患者传递这样的信息：我们要照顾您，即使您因疾病不能照料自己时也不会让您死去。在使用可能使患者反感的干预时，医生应当清楚地表明他们并非想控制他（或她），也不带有惩罚的目的。治疗计划应包括一些积极的支持性治疗（比如一些特别待遇）和消极的支持性治疗（比如要求卧床休息，限制运动，限制一些特权如会客、打电话)；当目标体重和其他目标实现时，应当减少或结束消极的支持性治疗，加强积极的支持性治疗。具体实施可分为患者自愿基础上的合作治疗和非自愿基础上的保护性干预两种。在整个方案实施过程中，持续的监测和评估、调整计划和计划实施的方式是必要的。尤其是以合作的方式还是保护性干预的方式进行营养重建，必须根据患者合作能力的改变及时做出调整。在这个过程中，专业人员须不断努力与患者共情，争取患者的合作。

(寇为峰)

## 4 进食障碍需要家庭治疗吗？

进食障碍不但需要系统的药物治疗，更有研究显示进食障碍患者多伴有心理因素，需要系统的心理治疗。目前有多种心理治疗方法，比如认知行为治疗、家庭治疗、人际心理治疗、心理动力性心理治疗等，可以单独实施，有时也配合药物治疗。进食障碍的家庭治疗包括一系列的理论和操作办法。

家庭治疗起源于20世纪50年代，是以“家庭”为治疗对象的一种心理治疗方法，它以整个家庭为对象来规划和进行治疗，把焦点放在家庭成员之间的关系上，而不是过分关注个体的内在心理构造和心理状态。家庭治疗与其他疗法相比，对症状的起因有不同的看法。家庭治疗认为，个体的心理行为问题或者症状的产生、发展和维持与家庭成员之间的不良交往模式和家庭结构有非常密切的关系。通过改变家庭成员之间的不良交往模式和家庭结构，可以达到改变个体心理行为问题或者症状的目的。

目前,家庭治疗是进食障碍中研究最多的心理治疗之一。家庭治疗在儿童和青春期的神经性厌食治疗中至关重要,可作为一线推荐的治疗方法。

20 世纪 70 年代,家庭治疗开始用于治疗神经性厌食,主要代表人物是 Minuchin 等。Minuchin 认为神经性厌食与 3 个因素有关:患者本身具有生理易感性;患者的家庭模式存在缠结、过度保护、僵化、缺乏解决冲突的能力 4 种互动特征;神经性厌食患者在避免家庭冲突中起到重要作用。因此,治疗目标不仅是改变患者本身,而且要改变其家庭功能系统。治疗师担任治疗系统的领导,对家庭中积极的方面予以肯定和支持,对家庭中互动模式予以挑战。通过对互动模式的挑战,使患者的家庭系统发生改变,进而使整个家庭系统的功能发生变化。

以 Minuchin 为代表的结构式家庭治疗师认为,家庭成员的症状是家庭结构不能适应正在改变的环境或者发展要求而产生并维持的,如果家庭重建自身从而让其成员自由地、以非病理的模式彼此联系,就达到了治疗目标。改变一个家庭的结构需要改变其彼此应对的规则,并继而改变家庭系统僵化的或者模糊的界限,以达到更大的界限清晰度。结构治疗的努力指向当前,且以行动先于理解的原则为基础。治疗进食障碍的重点在于主动、直接地挑战家庭的互动模式,迫使成员不只是注意被认定患者的症状,以便在家庭结构(支配家庭互动模式的内隐规则)的背景中观察他们所有的行为。目标是帮助家庭改变其刻板的交互模式,重新定义其关系,从而帮助成员更好地应对他们生活中的应激。结构式家庭治疗分四步,但其间无明显界限,互为连接。

1)拓展目前的主诉:家庭常认为主要问题在于个别患者,这一步是挑战这个家庭观念,也是将治疗转化为家庭治疗的步骤。这一步骤常用的技术包括对家庭所认定的问题赋予不同的意义(重构)、关注被认定的患者的能力范围、探索症状出现的背景、让家庭成员成为听众而给予患者一个尊重的空间等,从而把属于个人的进食障碍问题转化为整个家庭关系的问题。

2）着重探索维持问题的互动：这一步要探索家庭成员的哪些行为导致了问题的持久存在。诀窍在于，在不会激起来访者抵触情绪的情况下帮助他们看到，他们的行为是如何维持着他们所带来的问题的。这一步有赖于下述假设，即如果家庭成员认为他们自己有能力帮助被认定的患者，他们便会改变他们的相处模式。

3）结构化地集中探索过去：这一步是对家庭中成年成员的过去进行简短、有重点的探索，其目的在于帮助理解他们现在看待自己及他人的狭隘的观点是如何形成的。在第三步，孩子一直是一名听众，在聆听他们父母的故事。而到了第四步，他们加入成为积极的参与者。第四步不仅使评估更为准确，而且更为有用。

4）探索相关的改变方式：在勾画出一幅究竟是什么维持家庭的困境及他们是如何形成这种方式的粗略图画后，家庭成员和治疗师便会讨论谁需要改变，改变什么，以及谁愿意改变或者谁不愿意改变。这一步将评估过程从凌驾于家庭的工作转变为与家庭一起的工作。

（窦为峰）

# 七、心理治疗

## 1 什么是心理咨询？

心理咨询是心理咨询师运用心理学方法和原则，帮助求助者自立自强的过程。

### (1)心理咨询依赖良好的人际关系

人，是各种关系的产物。很多心理问题也是源于求助者与人相处的关系出现了问题。因此，构建信任、放松、安全的关系，不仅仅促进求助者敞开心扉，袒露自己痛苦、软弱、羞愧的部分，为咨询的开展打下接触；在咨询关系中被理解、关注的积极体验，也可以帮助求助者获得与既往经历不同的感受或经验，并促进认知、行为方面的改变。

比如，一个被父母苛刻要求和批评的求助者非常自卑，总是用是否获得第一名来衡量自己的价值。在心理咨询中，咨询师不仅仅理解到他压抑在内心的委屈、不满、痛苦，也积极关注到他身上的闪光点，即使他有时候做得不够好(如咨询迟到)，或者表达对咨询师的不满，咨询师并不会生气和批评，依然保持尊重，用耐心、关心的态度去理解他出现这些行为的原因，特别是他背后的感受与想法。这种良好的治疗关系使得求助者感受到近似于无条件的爱，感觉到自己作为一个人所具备的尊严与价值。久而久之，帮助求助者发展出自我关心、自我认可和生活的意义感，不再单纯依赖于他人的评价。

当然,咨询关系不同于一般的社会关系。咨询关系在特定的时间期限内是隐蔽的、具有保密性质的,以此让求助者感受到最大限度的安全感。咨询师在关系中既要尽可能保持客观、中立的立场,避免主观意见强加给求助者,又要保持同理心和真诚的态度,使之感受到温暖。另外,咨询师和求助者需要遵守相应的责任、权利和义务,在限定的时间、地点、关系中完成心理咨询目标。

**(2)心理咨询借助专业的理论与方法**

心理咨询的工作形式以谈话为主,很多人会困惑,这与思想教育、朋友聊天有什么不同呢?最大的不同之处在于,心理咨询有着专业的心理咨询理论和方法。

心理咨询有各种提问和回应的谈话技巧,以及心理动力学、认知行为治疗、求助者中心疗法、森田疗法、家庭治疗、表达性艺术治疗等各种理论方法。但是,这些并不是为了改变求助者的思想,也不是单纯满足咨询师的好奇心,而是旨在了解求助者的困扰、背后的原因、发生的机制,引导求助者从不同的视角去看待发生的事情,一起寻找面对和解决问题的方式、方法。

**(3)心理咨询帮助求助者自强自立**

心理咨询的根本目标,是促进求助者成长,自强自立,使之能够自己面对和处理个人生活中的各种问题。这是从一般意义上对咨询目标的论述。具体到各个不同的心理治疗学派,其具体的咨询目标却各有不同的侧重。

如心理动力学派的目标,是要增加对内心深层问题的理解,让个体更加成熟、有力量;认知行为疗法的目标是要改变不合理认知和不适应的行为,缓解或消除尤其带来的痛苦;求助者中心疗法的目标是对自我经验和体验采取更为开放的态度,具有责任感,自尊,能接受他人。

同样以上面自卑的求助者为例,心理动力学派会倾向于引导他意识自卑的深层原因,如父母及其养育方式,并且引导求助者勇敢面对和表达出内心压抑的情绪、想法,让求助者获得勇敢面对冲

突与评价的力量；而认知行为疗法则倾向于引导求助者看到自我评价的过分苛刻与不合理之处，并且逐步建立更加客观、合理、多元的自我评价体系；而求助者中心疗法则更多提供一种无条件的咨询关系，让求助者体验到被尊重、关心和爱，能够接纳不完美的自己，并且看到自己身上的更多潜能。

（马云）

# 2 什么是心理治疗？

### (1) 心理治疗与心理咨询的相似之处

心理治疗和心理咨询有许多相似之处，依然是强调在良好关系的基础上运用专业的理论和方法进行工作，甚至很多时候是将两者混用。两者的相似之处如下。

1）理论方法常常是一致的，例如心理咨询师对求助者采用的求助者中心治疗的理论与方法或合理情绪疗法的理论与技术和心理治疗师采用的同种理论与技术别无二致。

2)工作的对象常常是相似的。例如,心理咨询师与心理治疗师可能都会面对求助者的婚姻问题。

3)均强调帮助求助者成长和改变方面。心理咨询师与心理治疗师都希望通过帮助者和求助者之间的合作,达到使求助者改变和成长的目的。

4)二者都注重建立帮助者与求助者之间的良好的人际关系,认为这是帮助求助者改变和成长的必要条件。

**(2)心理治疗与心理咨询的区别**

两者依然存在某些区别,尤其是在临床操作过程中。并且《中华人民共和国精神卫生法》已经开始将二者进行了划分。其主要区别如下。

1)工作对象不同:心理咨询的工作对象主要是正常人,正在恢复或已复原的患者。心理治疗则主要是针对有心理障碍的人,比如常见的焦虑、抑郁、强迫障碍患者。

2)针对问题不同:心理咨询着重处理的是正常人所遇到的各种问题,包括人际关系、职业选择、孩子教育、婚恋家庭等问题。心理治疗的适应范围则主要是某些神经症、某些性变态、心理障碍、行为障碍、心身疾病、康复中的精神病患者等。

3)工作时长不同:心理咨询用时较短,一般咨询次数为一次至几次;而心理治疗费时较长,治疗由几次到几十次不等,甚至次数更多,经年累月才可完成。

4)工作的意识层面不同:心理咨询重点探讨可以被意识到的部分,有比较多的教育、支持、建议和指导成分,焦点在于找出已经存在于求助者自身的内在因素,并使之得到发展;或帮助求助者对当下的各种条件进行分析与改进。心理治疗的某些学派,主要针对无意识领域进行工作,并且其工作具有对峙性,重点在于重建患者的人格。

5)工作目标不同:心理咨询工作是更为直接针对近期的、有限的、具体的目标进行的，比如改善情绪状态、改进与伴侣的沟通方式等；心理治疗的目的则比较模糊，其目标是使人发生改变和进步，比如整个人变得更加成熟、稳定，有自信。

6）受训内容不同：心理咨询师和心理治疗师所接受的专业训练不尽相同。在国外，相较于心理治疗师，心理咨询师受的专业培训时间较短，在研究方法方面、在对人格理论掌握的情况方面、在接受有专家指导的正式的临床实习方面都明显逊色。

7）工作场所不同：心理咨询多数是在非医疗的情境中开展，如在学校或社区中进行，应用多种方式介入求助者的生活环境中；而心理治疗多在医疗的情境中进行。

比如，一个在高考前出现焦虑情绪、容易走神的学生，最开始会在学校或社会机构接受心理咨询师一般每周一次的心理咨询。而心理咨询师一般会聚焦于当下的困扰，寻找焦虑和走神的原因，给予相应的支持、指导，来缓解求助者的不良情绪。高考结束后，求助者因为发挥失常而落榜，患上了严重的抑郁症，这个时候就需要到专科医院接受心理治疗和药物治疗。心理治疗师可能会通过每周2～3次的治疗帮助求助者探索出现情绪问题的深层原因，引导求助者对自己的成长经历和父母养育方式做出深度反思。等到病情恢复，求助者可以去学校或社会机构寻求心理咨询的帮助，对新产生的情绪困扰进行疏导，寻求理解和支持；当然，也可能因为恋爱、家庭关系等方面的问题，寻求心理咨询师的理解和帮助，探索问题发生的原因和应对方式，提升应对生活的能力和幸福感。

（马云）

# 八、无抽搐电休克治疗

## 1 什么是无抽搐电休克？

电休克治疗（electroconvulsive therapy，ECT）亦称电惊厥治疗、电痉挛治疗，指以一定量电流通过患者头部，导致大脑皮质癫痫样放电，同时伴随全身抽搐，使患者产生暂时性意识丧失，以达到控制精神症状的一种治疗方法。由意大利神经精神病学家Ugo Cerletti 和 Lucino Bini 在 1938 年发明创造，它是治疗抑郁症、精神分裂症等精神疾病的有效方法，到 20 世纪 50 年代，传统电休克有了改进，即在治疗前使用静脉麻醉药和肌肉松弛剂，提高了患者舒适性及安全性，并且使患者抽搐明显减轻、无恐惧感。该方法适应范围广泛、安全性高、并发症少，因此已作为标准治疗，我国一般称为改良的电休克治疗，又叫无抽搐电休克治疗。

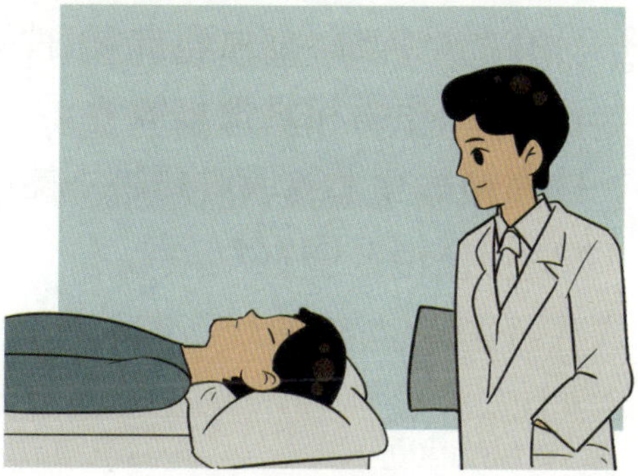

做电休克治疗时，由于电流直接通过人的大脑，导致患者全身抽搐、意识丧失。治疗结束后有部分患者出现头痛、恶心及呕吐，轻者不必特殊处理，重者对症治疗即可缓解。还有部分患者出现意识模糊、反应迟钝，这取决于治疗次数和间隔时间长短，一般7～10天内逐渐消失。国外有研究证明，经电休克治疗100次以上的病例，并无明显的脑功能影响。因此，可以说电休克治疗是一项安全有效的治疗方法。

在治疗前，临床医生必须告知患者及家属关于电休克治疗及不良反应。当医生认为他（或她）们恰当地理解这个程序，应签署知情同意书，并进行全面的躯体检查、心电图及实验室检查等来排除心肺、神经系统等方面的危险因素。与ECT相关的常见副作用是焦虑、头痛、短暂记忆缺损和记忆丧失。

（王源莉）

## 2 无抽搐电休克治疗的适应证是什么？

无抽搐电休克治疗是一种治疗精神病的有效方法，但人们往往认为其副作用大，担心对大脑造成损害，事实并非如此。电休克治疗的副作用远比抗精神病药少，而且见效快。不要产生恐惧心理。其适应证如下。

1）严重兴奋躁动、冲动、伤人损物者，需尽快控制精神症状者。

2）有严重抑郁，有强烈自责自罪、自伤、自杀行为者。

3）拒食、违拗和紧张木僵者。

4）药物治疗无效或对药物不能耐受者。

5）以前对ECT疗效好者。

（王源莉）

# 3 无抽搐电休克治疗的风险大吗?

目前来说,电休克治疗(ECT)是精神科主要的治疗手段之一,由于部分患者(特殊情况下为监护人)对这种治疗方法不了解,医生向患者(或家属)进行沟通时,会产生严重的恐惧感,认为这项治疗是惩罚性的治疗,或认为治疗的危险性很高,故而对治疗避而远之,严重时会延误治疗。

任何精神障碍经过一系列药物治疗仍不愈者均可考虑 ECT,而且大多数 ECT 治疗前都遵循风险收益评估的原则,对患者(特殊情况需监护人)进行充分解释并取得同意,告知治疗机制和不良反应等,且实施过程中需要对其安全性密切关注。ECT 较常见的不良反应有头痛、肌肉酸痛、恶心、意识模糊、反应迟钝等,其中头痛、肌肉酸痛、恶心等症状较轻,而且能通过药物进行预防或干预。部分患者出现意识模糊、反应迟钝等,这取决于治疗次数和间隔时间长短,一般 7 ~ 10 天内逐渐消失。由于精神障碍本身常常损害记忆功能,有报道部分经 ECT 成功治疗的患者实际上记忆功能得以康复。

近年来,尽管精神障碍的药物治疗有了很大进展,但 ECT 疗法对于某些疾病类型的患者仍然是起效最快、最安全的治疗方法,尤其是被用作替代那些既无效又不安全的药物时,甚至挽救患者的生命,ECT 对患者的治疗有效率可达 90%。尽管 1 个疗程的 ECT 可以终结一次疾病的发作,但它作用时间较为短暂,也不能阻止以后数周、数月或数年内疾病再发,因此,仍需要考虑 ECT 后的继续治疗问题,包括药物治疗、心理治疗或 ECT 维持治疗。

对大多数患者来说,任何治疗都会有风险和不良反应。ECT

的不良反应相对较少而轻微，除非患者既往患有严重的躯体疾病，否则死亡风险大约只有1/10 000，严重的并发症也较为罕见。Schiwach等发现每10万人发生2例死亡，死亡率与发达国家同期外科小手术麻醉接近，且死亡原因是基础疾病，而不是治疗本身。另外随着现代麻醉技术的应用，实际上没有出现过骨折和窒息的情况，许多高血压或心脏病患者都可以接受治疗。随着ECT治疗在临床上的广泛应用，其安全性已经得到了有效的证明。

（王源莉）

## 4 无抽搐电休克治疗后还需要服药吗？

有研究发现，无抽搐电休克治疗有效率为90%，其中抑郁症疗效最好（尤其对有严重自杀行为的抑郁症患者，经过药物治疗需2~3周才获得最佳效果，采用电休克治疗1周内即可生效），其次为躁狂症、精神分裂症。药物疗效差者有效率降低，如对抗抑郁药无效者，有效率在50%~60%。经电休克治疗缓解的严重抑郁症患者，在不进行后续治疗情况下，6个月内80%的患者会复发。之前服用抗抑郁药物的非精神病患者在成功快速缓解症状后，更容易复发。另外也有研究显示，在电休克治疗早期联合抗抑郁药物，抑郁症复发率为14%。因此电休克治疗后需要继续进行药物治疗。

（王源莉）

# 九、痴呆治疗与康复

## 1 什么是痴呆?

痴呆是一种中枢神经系统变性病,起病隐匿,病程呈慢性进行性,以认知功能缺损为主要临床表现的一组综合征,表现为明显的记忆力减退、思维障碍并可能同时合并情绪及行为异常,其中阿尔茨海默病最为常见,占痴呆的50%~70%。

### (1)痴呆的危险因素如下

- 危险因素
  - 不可控危险因素
    - 年龄:65岁以后的老年人,年龄每增加5岁,阿尔茨海默病的发病率会增加1倍
    - 性别:女性患者患病率高于男性
    - 遗传:家庭成员中有患老年期痴呆的人患此病的风险将明显提高
  - 血管性因素:糖尿病、高血压、脂代谢异常、肥胖等
  - 生活方式:吸烟、饮酒、饮食、缺乏运动、社交贫乏
  - 教育:低教育可能是痴呆的危险因素
  - 抑郁症:抑郁症可能是痴呆的一个危险因素,也可能是痴呆的前驱症状

### (2)痴呆临床表现

1)记忆障碍　近期记忆的健忘,如同一内容无论向他述说几遍也会立即忘记,刚放置的东西就忘掉所放的位置,做菜时已放过盐过一会儿又放一次,刚买下的东西就忘记拿走,刚刚被介绍过的

朋友，再次见面时就因忘了他的姓名而出现尴尬的场面。而对过去的、曾有深刻印象的事件，如过去曾经经历过的战争、参加过的某种政治活动、失去的亲人等则记忆较好，即远期记忆保持较好。但是，随着疾病发展，远期记忆也会丧失，会出现错构、虚构及妄想。如把过去发生的事情说成是现在发生的，把几件互不关联的事情串在一起，张冠李戴，甚至会从头到尾地述说一件根本没有发生过的事情。记忆障碍最严重时，表现为不认识自己的亲人，甚至连镜子或照片中的自己都不认识。

2）定向力逐渐丧失（时间、地点） 例如不知道今天是何年何月何日，不清楚自己在何地，出了家门就找不到家等。

3）计算力下降 轻者计算速度明显变慢，不能完成稍复杂的计算，或者经常发生极明显的错误。严重时连简单的加减计算也无法进行，甚至完全丧失数的概念。

4）语言能力下降 轻者说话啰唆内容重复、杂乱无章，重者答非所问，内容闻题千里，令人无法理解，或经常自言自语，内容支离破碎，或缄默少语，丧失阅读能力。

5）个性和人格改变 多数表现为自私、主观，或急躁易怒、不理智或焦虑、多疑。还有一部分人表现为性格孤僻，以自我为中心，对周围事物不感兴趣，缺乏热情，与发病前相比判若两人。

6）行为障碍 早期表现为以遗忘为主的行为障碍，如好忘事、遗失物品、迷路走失等。中期多表现为与思维判断障碍和个性人格改变相关的行为异常，如不分昼夜，四处游走，吵闹不休；不知冷暖，衣着紊乱，甚至以衣当裤，以帽当袜；不讲卫生，不辨秽洁，甚至玩弄便溺；不识尊卑，不分男女。

7）行动障碍　动作迟缓，走路不稳，偏瘫，甚至卧床不起，大小便失禁，不能自主进食，终至死亡。如果发现家中老人有记忆力下降、性格改变、行为异常，一定要及时带老人去专业的记忆门诊就诊，早期给予正确干预可以很好地延缓病情进展。

（王铭维）

## 2　如何进行痴呆的治疗和预防？

### （1）痴呆的治疗

1）药物治疗：针对认知症状的治疗，主要采用药物治疗。①胆碱酯酶抑制剂：目前是阿尔茨海默病的主要治疗药物，此类药物有多奈哌齐、卡巴拉汀、加兰他敏等，因为在中枢神经系统中，胆碱能通路是记忆及认知信息处理、存储中心，所以增加胆碱能神经递质是治疗阿尔茨海默病的重要方法，对改善患者记忆力，减轻精神行为异常，改善总体状况有明确效果。可提高患者生活质量和生活能力，为减轻家庭负担创造良好的基础。②谷氨酸受体拮抗剂：主要药物为盐酸美金刚。谷氨酸能系统与学习和记忆有关。动物实验表明，兴奋谷氨酸能递质系统可导致神经细胞中毒死亡。所以阻断谷氨酸受体对神经细胞有保护作用。

2）针对精神行为症状的治疗。①抗抑郁药物：用于治疗患者合并的抑郁症状，也需根据药物的不良反应加以适当选择。如氟西汀、帕罗西汀、舍曲林、文拉法辛等。②心境稳定剂：老年期痴呆患者有时会出现明显的攻击行为，可使用药物治疗减少或减轻攻击行为，常用的药物有丙戊酸钠、卡马西平、拉莫三嗪等，使用时注意不良反应。③抗焦虑药物：阿尔茨海默病患者的精神行为方面的药物治疗主要以抗抑郁药物和心境稳定剂为主，当上述药物对患者的焦虑或睡眠障碍作用不明显时，可考虑此类药物，如劳拉西泮等。④抗精神病药物：常用的药物有奥氮平、利培酮、喹硫平等。这类药物多有不良反应，使用一定要依据临床医生的经验，适当加以选择，才能扬长避短地发挥疗效。而且不能长期应用，否则会影响认知功能和增加死亡率。

3）非药物治疗。①认知训练：是以大脑的神经可塑性和认知可塑性理论为基础，以提高受试者记忆力、注意力、感知觉、逻辑推理、判断力和执行功能等一个或多个认知能力为目的，使用一种或多种手段联合进行一段时间的干预方法。②心理治疗：常用的心理治疗方法有支持性心理治疗、回忆治疗（诱导患者回忆可引起并保持正性情感反应的事件）、确认治疗（通过让患者体会自己的价值来减少不良刺激）、扮演治疗（通过角色扮演减轻患者的社会隔离感）、技能训练（尽可能保持患者残存的认知功能）。③环境治疗：通过改造患者生活的环境，一方面减少可能诱发患者不良情绪和异常行为的刺激，另一方面是适应患者身体功能的衰退，方便患者的使用。比如可让患者养宠物减少孤独感，可在护理者在场的时候让患者跟儿童共同游戏，可用音乐稳定患者的情绪等。

**（2）老年痴呆的预防**

由于痴呆的病因不同，预防的方法也不同，主要有以下几个方面。

1）避免毒物接触，改善生活环境。

2）忌酒和戒烟。

3）饮食调节：既要防止高脂食物引起胆固醇升高，又要摄取必要的营养物质，如蛋白质、无机盐类、氨基酸及多种维生素，特别是维生素 $B_1$、$B_2$ 和 $B_6$、维生素 C 和维生素 E 对老年人很重要。

4）保持精神愉快利于长寿及精神健康。

5）要安排好生活与学习：到了老年，还要坚持学习新知识，保持与社会广泛的接触，这样可以增加脑储备。

6)在离退休之前,要在思想上、物质上做好一切准备,丰富的生活内容,广泛的兴趣和爱好,可以促进脑力活动,还可以延缓或减轻衰老的进程。

7)定期进行体检,尽早治疗高血压、糖尿病、高脂血症等躯体疾病,对自己身体既要重视,又不可过分注意或担心。

8)经常户外活动:老年人适合进行较持续、较的运动项目,如步行、慢跑、体操、打太极拳、八段锦及传统舞等。

（王铭维）

# 十、失眠

## 1 什么是失眠症？

您曾出现过睡眠问题吗？您曾因睡眠问题而感到苦恼吗？您失眠过吗？

临床中，我们经常见到失眠的患者，一位16岁的男孩因高考压力大，出现晚上睡不着，白天犯困，之后出现了严重的焦虑抑郁情绪；一位56岁中年女性因自幼家庭管教严格，出现了自卑胆小的心理，工作中不能与同事很好地交流，生活上也不能与家人和谐相处，每夜做梦，醒得早，噩梦多，苦不堪言；还有一位78岁老年女性，自年轻时就间断出现失眠，由于未关注过病情，后期发展为持续性的失眠，每晚至少需要2个小时才能入睡。

其实失眠是最常见的睡眠障碍，我们身边的很多人都发生过失眠。或许是因为即将到来的考试，或许是因为生活中遇到了不顺心的事，又或许是因为其他急慢性疾病的折磨。睡眠有问题并不意味着得病，就像人偶尔吃饭没食欲一样，但长期失眠则消耗生命，让人苦不堪言，也许只有失眠者本人才能体会到。

那么到底什么失眠呢？失眠是指尽管有适当的睡眠机会和睡眠环境，依然对于睡眠时间或睡眠质量感到不满意，出现：①入睡困难，即卧床30分钟内无法入睡；②睡眠维持困难，即入睡后频繁醒来，且醒后再入睡困难；③早醒，即比期望的醒来时间早30分钟以上；④对睡眠质量不满，感觉睡醒不解乏，白天依旧感到困倦。

睡眠问题可导致个体的日间功能受损。

失眠的表现有多种形式，包括难以入睡、睡眠不深、多梦、容易醒、醒后不易再睡、醒后疲乏、白天困倦。偶尔失眠对人的健康没有太大影响，但长期失眠则会诱发多种躯体疾病，如高血压病、冠心病、糖尿病、癌症等；更严重的是长期失眠会造成精神损害，导致注意力不集中、记忆力下降、心情烦躁、情绪低迷，总觉得白白耗费生命，甚至可能引发抑郁症。如此在生理和心理的双重影响下，失眠者的生活质量和工作效率都大大降低，而这种降低又会加重失眠症状，形成恶性循环。此外由于患者失眠后采取了错误的应对措施，如白天补觉、剧烈运动、睡前进食、饮酒助眠、过早或过晚上床、睡前使用电子产品时间过长等，进一步加重失眠。

那么什么样的人群更容易发生失眠呢？高龄（年龄越大越容易失眠）、女性（女性较男性更容易失眠）、家族史（直系亲属有失眠的患者失眠的发生率明显升高）、负性及应激生活事件（人际关系冲突、学习工作压力大等）、焦虑性格（遇事容易紧张，做事追求完美，要强，在意他人对自己的评价等）及患有急慢性躯体疾病等。

目前科学的失眠诊断要通过专业的临床评估，即包括临床评估、主观评测工具及客观评测工具等多维角度。其中包括睡眠日记、量表评估、多导睡眠图、多次睡眠潜伏期试验等。

希望每个失眠患者都能通过正确的方法认识并纠正失眠，希望每个人都拥有婴儿般的睡眠！

（马芹颖）

# 2 失眠症有哪些药物治疗?

失眠的种类根据患者失眠的特点,可简单分为以下 3 种。①睡不着(心烦、总想事、总去厕所、身上疼痛或者身上不舒服等原因导致上床后 30 分钟不能入睡);②半夜醒、睡不舒服(打呼噜、憋醒、容易被吵醒、自然醒等);③早醒(比平时早醒 30 分钟以上,并且不能再次入睡)。

## (1)失眠的治疗

1)治疗失眠的主要目的:改善睡眠质量和睡眠时间;使总睡眠时间>6 小时和(或)睡眠效率>80% ~85%;形成床和睡眠间良性而明确的联系;改善睡眠相关性心理障碍;改善睡眠相关性日间损害,如精力下降、注意或学习困难、疲劳或躯体症状、情绪失调等。

2)各种失眠的药物治疗:①睡不着,选用诱导快速入睡的药物,如扎来普隆、咪达唑仑、唑吡坦、佐匹克隆、右佐匹克隆等,如果入睡困难与焦虑有关,应选用抗焦虑药物,如地西泮、劳拉西泮、阿普唑仑等。②夜间易醒、噩梦:选择能够延长 NREM 期第 3、4 期和 REM 期睡眠时间的药物,如唑吡坦、右佐匹克隆、多塞平氟西泮、艾司唑仑、褪黑激素缓释片等。③早醒:在治疗原发病的同时,可选用长效或中效的药物,如艾司唑仑、地西泮、硝西泮、氯硝西泮、佐匹克隆等。如果早醒与抑郁有关,应选用抗抑郁药物,如阿米替林、曲唑酮、米氮平等。

3)特殊人群失眠的药物治疗:目前还缺乏在妊娠和哺乳期女性使用镇静促眠药的安全性资料。唑吡坦、佐匹克隆、右佐匹克隆、小剂量多塞平、米氮平、曲唑酮属于美国 FDA 纳入的妊娠期 C 类药物。哺乳期因为药物可以通过乳汁影响婴儿,建议尽量避免使用。

4）伴有呼吸系统疾病的患者：艾司唑仑、地西泮、氯硝西泮、劳拉西泮、阿普唑仑等要慎用。

(2)用药注意事项

1）用药时间：一般在睡前服用，每晚一次。

2）突然停药可能产生严重的不适和反跳性失眠，所以在准备停药之前，应当有一段逐渐减量的过程，可以是每日服药，但剂量逐渐减少，也可以剂量不变，但间断服用。具体用药方案，听从医生安排。

（马芹颖）

## 3 苯二氢革类药物是否有依赖性？怎么避免？

苯二氢革类药物是当前使用较广泛的安眠药。常用的品种有安定、舒乐安定、佳静安定、氯硝安定、氟安定等。通常，小剂量安定就有很好的抗焦虑作用，对于持续时间长的焦虑患者，安定是首选药物之一。另外，安定也广泛应用于抗惊厥用途。

值得特别提醒的是，苯二氢革类药物有一个共同的副作用，那就是长期服用可以发生依赖性和成瘾，因此它们都是国家严格管控的二类精神类药物，需要专科医生的特定处方才能取药。由此可见，短暂的失眠不要轻易用苯二氢革类药物。

我们平时所说的安定就是地西泮片，为长效苯二氮类药，主要用于焦虑、镇静、催眠，还可用于抗癫痫和抗惊厥；缓解炎症引起的反射性肌肉痉挛等；治疗惊恐症、肌紧张性头痛；还可治疗家族性、老年性和特发性震颤；可用于麻醉前给药。安定与苯巴比妥类药或其他类镇静催眠药比较，具有选择性高、安全范围大、对呼吸抑制小、不影响肝药酶活性、大剂量不引起麻醉、长期应用虽可产生耐受性与依赖性，但相对发生率低等优点，因此是目前临床上首选的药物。安定常见的不良反应有嗜睡、头昏、乏力等，大剂量可有共济失调、震颤。罕见的有皮疹、白细胞减少。个别患者发生兴奋、多语、睡眠障碍，甚至幻觉。停药后，上述症状很快消失。长期连续用药可产生依赖性和成瘾性，停药可能发生撤药症状，表现为激动或忧郁。研究发现应用时间越长，产生的依赖性的可能性越大，停药后即产生明显的停药反应。

造成安定依赖性的原因：首先是少数医务工作者对此药不良后果认识不足，未掌握好适应证与服药疗程，以致长期应用，对心身疾患所致的焦虑失眠及癫痫征象成为单纯性的依赖药品，不重视心理疗法及其他疗法的作用。其次是患者自服，未按医嘱用药造成依赖。此外安定效果快、受欢迎造成了长期服用。

安定剂量以每次 2.5 ~5.0 毫克、2 次/天为好，不宜长期服用。服用时间超过 210 天则依赖性迅速增加，此时应停药。停药宜逐步缓慢进行，每 2 周减少原剂量的 25%，直至完全停用；对于使用短效药物者，停药时可先换为长效药物，1.5 ~3.0 个月内逐渐减小剂量以至停药。

（马芹颖）

# 十一、儿童及青少年精神疾病

## 1 青少年的心理发展有什么特点？

青少年期一般是指12～18岁，多为初中至高中学习阶段。是介于儿童与成年之间的成长时期，是从不成熟走向成熟的过渡时期。

青少年期是个体生长发育的第二高峰期。这一时期青少年的生理和心理功能都发生剧烈变化，但心理发展速度要落后于生理发育速度，出现身心发展相对不平衡现象，容易出现心理发展上的种种矛盾，是心理问题的高发时期，故有"狂风骤雨"阶段之说。

心理发展上，主要在自我意识、性意识和认知、情感发展方面表现出显著的自身特点。

### (1)自我意识发展的特点

成人感和独立意向的发展：青少年开始意识到自己长大成人，随着这种成人感的产生，他们希望参加成人的活动，希望得到别人的尊重，希望别人把他们当成人看待，希望独立处理自己的事务，强烈要求自作主张，但另一方面由于阅历浅、实践少，在许多方面还不成熟，仍然有很强的依赖性、幼稚性，还需要父母或老师的指导。若还把他们当小孩看待，遇事不征求他们的意见而父母包办、做决定，容易造成与父母和老师"对着干"，表现出反抗情绪或叛逆心理，出现心理和行为的偏差。

### (2)性意识发展的特点

性发育的逐渐成熟,促使青少年的性意识急剧发展。青少年的性心理活动的表现是多种多样的,如渴望了解性知识,对自我形象的关注,对异性的关注和向往,对爱情的好奇及性幻想、性冲动。但由于家庭和学校缺乏性教育,以及各方面的制约,出现性意识与社会规范之间的矛盾。有些中学生会对自己的性生理变化感到无所适从,对自己的性心理变化感到困惑或恐惧,有的甚至还因此导致了焦虑、抑郁等心理问题。

### (3)认知和情感发展的特点

青少年的认知能力在小学阶段发展的基础上有了进一步的发展。感知能力有了显著的发展,认知活动具有一定的精确性和概括性,注意力进一步提高,记忆力发展表现为意义识记增强,抽象逻辑思维开始占主导,思维的独立性、批判性有所发展,逐渐学会了独立思考问题,想象力丰富,思维活跃,容易理想化,出现理想与现实的矛盾,造成青少年的挫折感、反抗性或逃避的心理。

情感发展方面的特点:①情绪高亢强烈,充满热情和激情,活泼向上,富有朝气;②情感的两极性明显,好从一个极端走向另一个极端;③情感的社会性越来越深刻,道德感、理智感、美感的内容与水平日益丰富和提高;④情感的自我调节和表现形式进一步发展,其情感表达越来越带有文饰、内隐和曲折的特点;⑤同学间的友谊感迅速增强,出现讲义气、拉帮结派、早恋的问题。

(王晓萍)

# 2 青少年的心理问题有哪些？

心理问题是指一般正常人群的心理困惑，多为正常人遇到外界刺激时出现紧张、烦躁、沮丧、伤心、焦虑、抑郁等负面情绪的心理状态，比如学习压力、人际关系、升学就业、生活压力、社会适应、婚姻恋爱等引起的暂时的心理困惑，属于正常心理状态。通过自我调整或其他人的帮助如心理咨询可缓解至恢复正常。每一个正常人都会出现心理问题，有的人认为有心理问题的人就是不正常的人，不正常的人才需要做心理咨询，这是对心理问题和心理咨询的误解。

学习压力、人际关系的压力、情绪问题、性心理的困惑和网络使用过度等已成为青少年期主要的心理问题，对他们的学习、生活产生着很大影响。

与学习有关的心理问题有学习过于紧张，学习持续的时间过长导致的学习疲劳，会出现视力下降、食欲不振、面色苍白、血压增高、大脑供血不足、头晕、瞌睡或失眠等生理症状，并会产生忧郁、烦躁、信心不足、记忆力减退、注意力难以集中、思维迟缓等心理反应。另外学习成绩经常明显低于同龄学生的一般水平，有些学业不良的学生，由于跟不上班级学习的进度，完不成教学大纲所规定的教学任务，经常受到老师的批评、同学的轻视、家长的训斥，因此很容易产生自卑、自暴自弃、逆反、厌学的心理，出现逃学、打架等违纪行为。

考试焦虑是在一定的应试情境激发下出现的以恐惧、担忧为基本特征的心理情绪反应。最初的反应是肌肉紧张、心跳加快、血压增高、出汗、手足发凉等生理反应，出现苦恼、无助、担忧、自我否定、胆怯心理情绪反应。随着考试焦虑的加剧，应试者会出现坐立不安、头痛脑昏、注意力不集中、思维僵滞等身心反应。这时他们往往会采取逃避的方式进行心理防卫，如以身体不适为理由不参加考试，考试时胡乱作答，早早离开考场或紧张不安，无心作答等。

厌学是指学生对学习缺乏兴趣，可表现在课堂上不听老师讲课、东张西望、打瞌睡，或者在下面偷偷看课外书或做其他事；有的干脆逃学、旷课甚至辍学。产生厌学心理的学生多来自一般学校的、学习不良的学生，也有来自重点学校、学习成绩中等以上的学生。产生厌学情绪的原因较多，有学生自身的心理问题，有家庭、环境及教育现状的问题。

人际关系有关的心理问题可表现为人际冲突，包括亲子关系紧张、师生关系紧张、同学间的矛盾冲突等，也可表现为人际交往困难、缺乏友谊、孤独等。人际关系失调的人，在学校往往受到孤立，心情抑郁，容易产生自卑、自傲、敌对等不良心理。

青少年情绪问题较多为焦虑、抑郁、情绪不稳、容易激怒。不良情绪会影响学习效果，导致学习成绩下降，也会影响人际关系，甚至出现自伤、冲动行为，严重影响青少年的心理健康和学业发展。

性心理的困惑主要表现对手淫的片面理解，在手淫之后会产生恐惧、懊悔、羞耻、自罪等负性情绪反应。另外，早恋行为对青少年身心健康十分不利，影响学习成绩，甚至由于自制能力有限，发生两性性行为，引起严重后果。

网络使用过度或网络成瘾严重影响青少年的身体健康、自身的社会功能，学习和生活等方面也受到严重影响和损害。网络成瘾会造成青少年焦虑、抑郁的情绪问题，会导致青少年行为问题，导致中断学业、脱离社会。网络成瘾的原因是多方面的，建议家长面对孩子“网络成瘾”不要采取强制、打骂等手段，要分析其原因，根据具体情况通过教育、疏导的方法或向专业的心理咨询师或精神科医师寻求帮助。

（王晓萍）

## 3 什么是童年情绪障碍？

童年一般是指 12 岁以下的年龄阶段。童年情绪障碍以前是指儿童时期出现的不良情绪，如焦虑、抑郁、恐惧、强迫等，这些不良情绪的程度超过了儿童正常发育过程中的情绪反应，影响儿童的日常生活、玩耍，严重时则影响儿童的生长与发育。在儿童中以焦虑为主的情绪障碍常常与抑郁、恐惧、强迫等症状同时出现。目前童年情绪障碍主要是指儿童时期的各种焦虑障碍。

从发展心理学角度来讲，焦虑被认为是一种贯穿于发育阶段的正常情绪，扮演着一定的适应和防卫功能，焦虑情绪是儿童早期社会性和情绪发展的核心，只有当焦虑在严重程度上、持续时间上远远超过正常儿童的情绪反应，社会功能也受到明显影响，才成为儿童焦虑障碍。

儿童焦虑障碍可分为分离焦虑障碍、广泛性焦虑障碍、社交焦虑障碍、惊恐障碍、恐怖症等亚型。分离性焦虑障碍多发生在 6 岁以前，当与所依恋的人离别时产生过度焦虑。很多家长在孩子刚上幼儿园时都有过这样的体验：每天早上把孩子送到幼儿园门口，

孩子抱着您大腿嚎啕大哭，不肯分开进幼儿园，家长也偷偷抹起了眼泪。这是学龄前儿童最常见的情绪障碍之一。一项调查研究表明：幼儿园新生入园3天内，有分离性焦虑情绪的孩子占60%以上，也就是说，2/3的新入园孩子都会产生或多或少的焦虑情绪。入园焦虑对于初次离开家庭的幼儿而言很正常。多数孩子在家长和老师的安抚下，可逐渐适应新环境，与其他小朋友玩耍，情绪恢复正常。只有当焦虑情绪持续时间长，严重影响孩子不能正常上学和玩耍，影响孩子的饮食、睡眠，才称为分离性焦虑障碍。随年龄增长分离性焦虑障碍逐渐减少，但有些儿童当父母或抚养人离开时便会产生问题，如不能独自入寝，不能离开他们在外玩耍，拒绝上学，而要和父母或抚养人待在一起。当硬要将他们分离时出现焦虑，表现过度的、反复发作的苦恼，可以为哭叫、发脾气、痛苦、淡漠或社会退缩，部分患儿分离后会反复出现躯体生理反应，如头痛、胃痛、睡眠障碍。

广泛焦虑障碍是一组以恐惧与不安为主的情绪障碍。这种恐惧无目的、无具体的指向性，焦虑仅仅是为未来的和不明确的危险或是客观并不存在足以引起焦虑的刺激，焦虑的程度及持续时间、刺激极不相称。患儿出现过分及不切实际的担心，总感到有不祥的事要发生，不能平静的上课、写作业，严重者整日焦虑不安，不能上学，退缩回避，有的出现睡眠差、食欲差、呼吸困难等躯体症状。

恐惧是对某一特定的物体、活动或处境产生持续的和不必要的恐惧，而不得不采取回避行为的状态。恐惧情绪是儿童期较常见的一种心理问题，几乎每个儿童在其心理发育的某一阶段都曾出现过恐惧反应。不同的年龄阶段有不同的恐惧对象，如害怕黑暗、陌生人、声音、雷鸣闪电、动物昆虫、想象中的事物等。很多恐惧情绪是儿童心理发育过程中暂时现象，与其年龄相符合，持续时间短，随着心理发育会逐渐消失。上学的儿童可出现与学校相关的焦虑问题。如考试焦虑或学校恐惧症。

考试焦虑是在考前或考时出现的以恐惧、担忧为基本特征的心理情绪反应，儿童会以种种理由不参加考试或不上学，考后恢复正常。学校恐惧症是害怕去学校或不去上学，在家可一切正常。学校恐惧症是焦虑障碍的特殊表现形式，可由多种因素引起，也可能是其他心理障碍的表现。

（王晓萍）

## 4 什么是强迫症？

强迫症是一种较为常见的精神障碍，是一组以强迫症状（主要包括强迫观念和强迫行为）为主要临床表现的精神疾病。强迫症是世界十大致残疾病之一，严重影响患者个人功能、生活质量和家庭功能。

强迫症状的主要特点是反复或重复出现的想法或行为，明知不合理或过分但难以控制或摆脱，需要通过重复或反复确认来减轻痛苦。症状一般分为强迫思维（或观念）和强迫行为（或动作）两方面。对于具体的患者而言，可以是单一的强迫思维或行为，或强迫思维与强迫行为均存在，或以某一症状更为突出，部分患者症状达到妄想程度、对疾病没有认识（缺乏自知力），也有与其他精神症状共存，造成识别与诊断困难。

(1)强迫观念

强迫观念是指头脑中反复出现的,不需要的闯入性的想法、怀疑、表象和冲动。它的出现会令人痛苦、矛盾和自我失调(常与其个人价值观敌对或相悖)。患者常认为这些闯入性思维是不可理喻或过分的,并试图抵抗;但也有少部分患者的强迫思维达到妄想程度(即坚信是真实的、必需的)。

强迫观念包括如下。①强迫怀疑:怀疑已经做过的事情没有做好,怀疑被传染上了某种疾病,怀疑说了粗话,怀疑因为自己说错话而被人误会等。②强迫回忆:反复回忆经历过的事件、听过的音乐、说过的话、看过的场面等,在回忆时如果被外界因素打断,就必须从头开始回忆,因怕人打扰自己的回忆而情绪烦躁。③强迫性穷思竭虑:思维反复纠缠在一些缺乏实际意义的问题上不能摆脱,如沉溺于“为什么把人称人,而不把狗称人”的问题中。④强迫对立观念:反复思考两种对立的观念,如“好”与“坏”、“美”与“丑”。

(2)强迫行为

重复的行为或者心理活动,一般继发于强迫思维或受其所驱使;多为非自愿的,但又很少被克制。强迫行为可表现为外显或可察觉到的,如反复检查或洗涤;也可表现为隐匿或不易察觉到的,如心里重复特定的数字、词或短语。

强迫行为包括如下。①强迫洗涤:反复洗手、洗衣服、洗脸、洗袜子、刷牙等。②强迫计数:反复数路边的树、楼房上的窗口、路过的车辆和行人。③强迫性仪式动作:做一系列的动作,这些动作往往与“好”“坏”“某些特殊意义的事物”联系在一起,在系列动作做完之前被打断则要重新来做,直到认为满意了才停止。④强迫检查:反复检查书包是否带好要学的书、口袋中钱是否还在、门窗是否上销、自行车是否锁上等。

强迫症状的出现往往伴有焦虑、烦躁等情绪反应,严重时会影响患者睡眠、社会交往、学习效率、饮食等多个方面。

(王晓萍)

# 5 儿童及青少年强迫症有什么特点?

儿童及青少年强迫症,既往认为较为少见,归类在儿童期情绪障碍中,目前被划入强迫症,与成人同样分类。国外报道儿童及青少年强迫症患病率为0.25%~4%。

儿童及青少年强迫症患者智力大多正常,常表现出敏感、害羞、谨慎、办事刻板、力求完美等个性特征。青少年强迫症的起病常常以各种心理社会因素为诱因,常见的心理社会因素包括学习压力大或学业失败、人际关系问题、家庭环境因素等。

儿童在心理发展的过程中,可能会出现类似强迫症状或仪式样动作,如走路数格子、反复折叠自己的手绢、睡觉前一定把鞋子放在某个地方等,这种带有一定规则或者被患儿赋予特殊含义的动作,往往呈阶段性,持续一段时间后会自然消失,不会给患儿带来强烈的情绪反应,不会影响儿童的生活。

青少年强迫症主要表现为强迫观念和强迫行为两种类型。患者可以表现为单一的强迫思维或强迫行为,也可以强迫思维与强迫行为同时存在。总体来说,小年龄患者强迫行为更为多见,大年龄患者强迫思维和强迫行为均较多见。

早发强迫症(起病于18岁前)平均起病年龄为11岁,与晚发强迫症(起病于18岁后)相比,男性更为多见,症状更加丰富,疾病更加严重,更常共患抽动障碍及其他强迫谱系障碍,一级亲属有更高的强迫症患病率,有更多的心理社会问题等。

强迫障碍青少年常常共患其他精神障碍,(共患病是不同疾病在同一个体同时存在的现象)。如共患焦虑障碍、抽动障碍、冲动控制障碍等。共患病使患者的临床表现变得更为复杂,社会功能也受到更大损害。

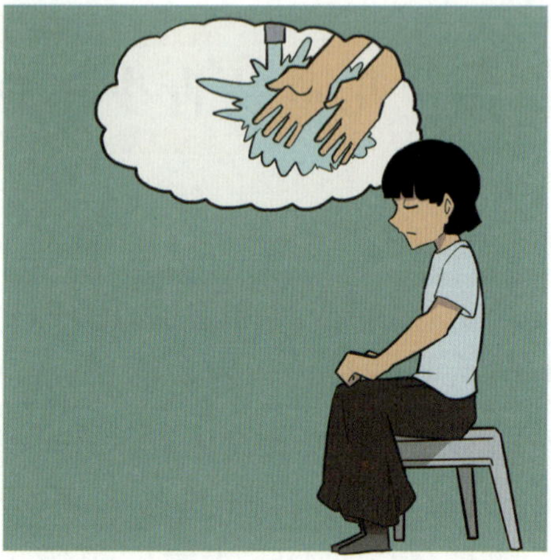

青少年还有可能出现替代性强迫和感应性强迫。替代性强迫是指不仅患者本身存在强迫行为，还要求其亲人完成强迫行为，如：存在怕脏而重复洗手的强迫症患者，要求其亲人也反复洗手。感应性强迫是指强迫症状在家庭成员间相互影响，患者和家长出现相同的强迫行为。

无论强迫思维或强迫行为，儿童及青少年强迫患者均有可能出现对强迫症状仅存在部分自知力或自知力缺乏的情况。对于自知力缺乏的患者，因无自知力，所以缺乏自我抵抗及痛苦烦恼。

（王晓萍）

## 6 青少年强迫症怎么治疗？

诊断为强迫症以后，应该及时和专业医生进行沟通，根据病情进行综合性治疗。一般而言，症状较轻可自我调整或心理治疗，程度较重需要心理治疗加药物治疗。

自我调整首先解除对自己强迫症状的紧张和害怕焦虑，对自己的症状要采取不理、不怕、不对抗的态度，一定要顺其自然，这是打破恶性循环的关键。不理是强迫症患者最明智的策略。如果强迫症状并没有引起患者的焦虑反应,那么久而久之,它就会因为感到"无聊"而告退了。不怕,并不是要抑制症状,您要想:症状出现就让它出现吧,没有什么大不了的。即使对我造成一点不利的影响,也是暂时的、有限的、可弥补的。如果我能不怕,不与之对抗,我的心理素质就会越来越强,那么从长远来看,我会越来越好,我也一定会成功和幸福的。不对抗的意思是"顺其自然"。"顺其自然"不是症状出现后放任自流,无所作为,而是按照正确的方向,去行动和努力,坚持正常的学习与生活,做自己应该做的事。您可以通过认真思考、积极想象、善于质疑等方式,让自己投入学习中去。这样一来症状就越来越不能对您的学习与生活造成干扰,您对它的恐惧与焦虑也就会逐渐减轻。

心理治疗是指治疗师通过言语或非言语交谈建立起与患者的良好医患关系,应用有关心理学和医学的知识指导和帮助患者克服和纠正不良的生活方式、行为习惯、情绪障碍、认知偏见及适应问题。强迫症常用的心理治疗方法包括精神动力学治疗、认知行为治疗、支持性心理治疗及森田疗法等。其中,认知行为治疗被认为是治疗强迫症最有效的心理治疗方法,主要包括思维阻断法及暴露反应预防。思维阻断法是在患者反复出现强迫思维时通过转移注意力或施加外部控制,比如利用设置闹钟铃声,来阻断强迫思维,必要时配合放松训练缓解焦虑。暴露反应预防是在治疗师的指导下,鼓励患者逐步面对可引起强迫思维的各个情境而不产生强迫行为,当症状出现的时候,能认识到这是强迫症状,逐渐减轻焦虑情绪而不出现强迫行为。

治疗强迫症的药物有多种,主要是选用一些抗抑郁药物。但在用法和用量上与治疗抑郁症略有不同。常用的药物有氯米帕明、氟西汀、帕罗西汀、氟伏沙明或舍曲林等。药物治疗的时间比较长,需要足量、足疗程才逐渐起效,患者需要有一定的耐心。有些患者或家属在拿回药物之后看到药物说明书上写着很多药物不良反应,于是担心服药后对身体不利而拒绝服用这类药物。从专科医生的角度看,这是完全没有必要的担心。患者和家属有时会担心药物会造成永久性大脑或其他器官损伤也是完全没有必要的。一旦出现不良反应,只要及时与专科医生联系,是完全可以处理的。

强迫症有30%~40%的患者采用药物治疗和心理治疗后疗效不佳,可配合物理治疗,目前常用的物理治疗有经颅磁刺激、深部脑刺激、改良电休克治疗等。

(王晓萍)

## 7 我的孩子学习很优秀,为啥不愿意去学校上学?

孩子的学习成绩很优秀,但为什么突然不上去上学了呢?面对这样的问题,每一个家长都会很紧张,可能会病急乱投医,这到底是为什么呢?家长一定要找到孩子不去学的原因,针对原因找到解决方法,才可以让孩子重返学校。

### 孩子不愿意上学的原因

#### (1)孩子不愿上学,是不是人际关系发生矛盾?

有些孩子在人际交往中过于敏感,不自信,心思细腻,缺乏安全感,他们会害怕受伤,做事谨小慎微。敏感是把双刃剑,既有好的一面,也有坏的面。很多的艺术家、心理学家都是心灵敏感的人,正是因为他们的敏感才能够让他们感知到别人无法认识到的哲理、感悟和一切美的事物。所以,既然孩子有这方面的特点,那家长能做的就是接纳孩子的特点,千万不能排斥,并帮助孩子也去接纳自己。

**(2)孩子不去上学,是不是与家长发生了矛盾?**

李玫瑾教授曾说过:孩子的问题往往是大人造成的,解决问题的关键不在孩子,而在于大人。因此,如果孩子出现厌学等情绪,家长需要从自身出发找原因,看看是不是这段日子冷落了孩子,抑或是教育方式出现了问题。

有些家长自始至终都用着全方面管控孩子的招数,可孩子到了青春期之后,心理正在悄悄发生变化,他们的独立意识增强,渴望掌握生活的主动权。家长的横加干涉会让他们愈加反感。孩子们都明白家长想要自己把书念好的心,但因为对教育方式的不满,所以就故意跟家长对着干。

**(3)孩子不愿上学,是不是因为患有抑郁症?**

我们也许会觉得,只有经历了生活和工作的压力,人们才会感到压力。但在如今的社会当中,罹患抑郁症的人群平均年龄也在下降,越来越多未成年人,甚至是儿童,也在被抑郁症折磨。很多粗心的家长以为孩子不会患上精神心理疾病,当孩子出现一些悲观、焦虑、烦躁、厌学情绪时还以为是叛逆期到了,不放在心上,往往会造成更严重的后果。

(马全刚)

## 8 如何引导不上学的孩子重返学校?

**(1)停止相互埋怨**

面对不上学的孩子,家长都会感到焦虑,有些父母可能就会互相推诿,会觉得孩子的问题出在配偶身上。现实生活中,有些妈妈会埋怨父亲缺位,不管孩子。有些爸爸会反过来抱怨妈妈,说是因为妈妈管教过于严格才会让孩子变成现在这样。而父母间的争吵只会让孩子的消极情绪越攒越多。所以说,如果想要孩子重返校园,家长首先得放平心态,营造一个轻松愉快的氛围。

**(2)跟孩子聊他感兴趣的话题**

俗话说兴趣是最好的老师。家长可以在日常生活中多观察孩子感兴趣的东西,将这些话题作为切入口。我们并不要求每一次的沟通多么有深度,我们的目的只是在于缓解亲子之间剑拔弩张的气氛,让孩子能够敞开心扉。家长可以试着去了解孩子喜欢的游戏到底有什么魔力。相信当孩子体会到家长的改变时,他也能够有所触动。

**(3)帮助孩子营造外围人际关系**

如果孩子不愿意去学校,很有可能就是处不好人际关系导致。如果孩子在学校里总被同学排挤或者是被老师批评,那么在孩子看来,自己的校园生活肯定一点也不美好。所以,家长可以偷偷地先跟老师或者是同学说好,希望他们能够在相处过程中多多鼓励自家这个敏感的孩子。老师的一句鼓励比家长说一百遍都管用!

**(4)及时就医**

如果孩子出现消极的情绪,对于各种事物的兴趣及本人的活动量明显地减少,情绪不稳定,失眠,明显食欲下降,十分在乎某些事情的成败与得失,并且会对自己失去信心,甚至出现自伤、自杀的行为,家长一定要加强重视,带孩子及早就医。

总而言之,当孩子出现故意辍学或者是厌学的情况时,家长不能只看到孩子的外部表现,而是要去探究深层次的原因,看看到底是哪个环节出现了差错,并且及时调整自己的状态,根据孩子不同的原因采取适当的方式,帮助孩子走出困境,重返校园。

(马全刚)

# 9 孩子为什么自伤?

在日常的精神心理门诊中,发现越来越多的自伤事件,大多发生于青少年。资料显示,青少年是心理问题的多发人群,在读中学生属于心理正常范围的占40%,属于心理不正常倾向的占22%,属于有严重心理问题的占16%。高达43.7%的青少年曾经有过自杀念头,有23%的青少年有自伤行为。这些数据是值得人深思其发生的原因的。

自伤行为一般指无自杀意图的,为社会所不接受的,为逃避冲突的痛苦而对自己身体进行直接或间接伤害的行为,而自杀是自伤的最极端境界。

导致自伤的原因有很多种,主要有以下几种:心理学根源,如童年的创伤;现实的压抑,寻求关爱和关注;人格因素,如青少年时期的特殊心理等。

**(1)心理学根源**

人本主义心理学家马斯洛认为人类行为的心理驱力是人的需要,人有多层次需要,而需要是不断发展递增的,发展需要受到抑制的时候,人会感到痛苦。这时候发展需要会转化成压力,造成人的焦虑、紧张和烦躁。发展需要可能会异化,造成各种不良行为习惯。而自伤正是一种狂力转移的方式,是一种不良的发泄方式,一些人会习惯于增加自身肉体的痛苦来减轻精神的痛苦。

**(2)童年的创伤**

各种资料中显示,不少自伤的青少年,都有过童年的不幸,例如父母的离异,家庭的暴力,在学校常受侮辱、嘲弄等,自卑心理严重,自我价值感低。童年的不幸致使长大后对自己的否定固化到脑海里，总觉得自己不如人，当压力困难出现时，也就会不自觉地采用自伤的消极方式来解决问题。

(3)现实的压抑

人的心理承受力都有一定的限度，现代社会竞争日益激烈、残酷，生活节奏快，学习负担重，而中学生的心理素质、健康状况、承受力有很大的差异。有些孩子在父母不切实际的过高的期望中，不停地受挫，体验着挫败感，常常感到无助和无能，时间长了就会失控和绝望，产生心理危机，部分学生就会通过惩罚自己来处理问题，即把感情的痛苦转化为身体的一种形式，以减轻情感的痛苦和压力，缓解愤懑和紧张，从而防止自己做出更糟糕的事情。

(4)寻求关爱和关注

人际关系淡漠、亲子冲突、伙伴关系紧张、失恋、单相思、学习压力、人生的消极情绪等等，每一条，几乎都能成为青少年自伤的理由。但是这些原因背后都蕴藏着一个共同点，那就是他们因为自卑，经常自我否定或者自我挫败。他们陷入了情感的孤独，在没有人能理解他们的情形下，他们不得不用自伤的方式引起亲人的注意或控制亲人，来渴望得到更多的关爱和关注。

(5)人格因素

有的学生对批评、挫折非常敏感，遇事情绪化，易冲动，有的自卑，对生活失去信心，长期处于焦虑之中，又无力改变眼前的一切，就会采用自伤的方式释放心理压力。

(6)青少年时期的特殊心理

目前人类竞争越来越激烈，生存压力越来越大。面对压力、挫折、困难和失败，成年人一般能采取有效的方法来排解和转移。但处在13~14岁年龄段的青少年是个弱势群体，心理、生理发展还不成熟，并且处于“精神断乳期”和“心理断乳期”，同时又是身心发展“风暴期”。一方面认为自己长大了，有自己的人生观，可以独立面对社会做自己的主人：另一方面处事中又显出幼稚和无力、无助，这对他们的打击和挫败，使其出现焦虑、急躁的心态，进而就是行为的不能自控，出现自伤行为。而十六七岁的“大孩子”是自我意识形成和自我认同确立的时期。这时，情绪敏感而复杂，不稳定，易冲动自尊心强，又带有自我中心主义倾向，表现为过于关注自己的外表和行为，不安于平庸和过度的平静，奢求刺激中获得快感，这时如果自我同一性没有得到确立，处在情绪不稳定时，走极端的行为也会是他们一些人选择的方式。

（马全刚）

## 10 如何预防青少年自伤？

在儿童及青少年的心理门诊中，医生遇到越来越多伤害自己身体的孩子，有的孩子划伤自己的手臂，有的孩子用指甲抠自己的皮肤，累累伤痕触目惊心。不少家长因此而非常担心：“我的孩子是不是得了抑郁症？”“我该怎么办？”自伤行为目前在青少年中有一定的发生率，并不是所有的自伤行为都意味着抑郁症的发生，作为一种特定的现象，与孩子的情绪困扰非常相关，家长需要予以充分的重视和及时处理。首先，家长需要与心理医生充分沟通，明确诊断及治疗方法，并且积极随访。有些家长认为来一次医院就可以了，这是不对的！在一段时间内，家长都需要和医生、老师，甚至更多的人合作来解决孩子的情绪困扰。

自伤行为未必需要住院治疗，家长面对孩子在家里需要做些什么？

**（1）建立良好的亲子关系**

家长需要正确理解孩子的问题和需求，建立良好的亲子关系是一切改善的基础。自伤行为本身与情绪问题相关，因此，要非常重视，但不需要过于担心。但另一种极端是，青少年反复的此类行为，家长会认为这是“作”，而这样的想法和情绪是最需要注意和避免的。自伤行为在青少年中有一定的发生率，有一定的生物性基础，绝对不是故意“作”。即使伴有一些“表现”的成分，但孩子们的身体也深受其害。保持理解，保持沟通，建立良好的亲子关系是一切自伤行为改善的基础。

**(2)建立安全协议，限制自伤行为工具、方法的可获得性**

虽然青少年的自伤行为并不一定带有自杀的意图和想法，但是，冲动的行为都具有一定的风险，因此建立安全协议是必不可少的一步。向青少年强调行为的危险性，明确表达自己的要求，明确反对孩子的自伤行为，坚持不使用自伤的行为处理问题。必要的时候，可以和孩子建立安全协议，提议当孩子的情绪不佳，有自伤想法时，应首先告知可信任的成人。将刀片等自伤相关的物品进行有效管理和控制，让孩子不能随意获得自伤的可能性，也会减少自伤的发生。

**(3)预防和处理家庭冲突**

当孩子有比较明显的自伤行为时，有些家长会采用无条件让步的方式——“我现在什么都让着他/她，可是这样下去也不是办法”。事实上，家长的无条件退让是会带来进一步问题的。在孩子出现自伤行为之后，家长需要重视孩子的情绪，但对于孩子的行为仍然需要有原则，有指导。但往往对于自伤的孩子，家长难以处理的是冲突的时刻。对于青少年阶段的亲子冲突处理，有很多重要的内容，但简而言之，以预防为主，避免激烈冲突的发生。

**(4)环境中的影响因子监测和观察**

青少年自伤行为的产生和维持是有其特定的意义的。也许医生也会提醒家长去观察，在什么情况下，孩子容易出现自伤的行为。这种观察不仅有利于对医生进行病情汇报，而且能帮助家庭和青少年增加对自身的了解。另外，青少年接触的群体当中，如果有人有自伤的行为，也会成为青少年自伤行为的诱因。粗暴地阻止孩子和此类问题孩子交往是不恰当的，但及时了解孩子的想法，帮助孩子理解同伴的情绪困扰，有时能起到助人助己的效果。

**（5）陪伴和创建“希望盒”**

自伤行为是情绪调节困难的表现之一，建议和寻找合理的情绪调节方法，也是家长可以尝试的一步。一般处理情绪的方法包括倾诉、放松、转移注意力、运动等。此外，家长可以拿出相册等工具，和孩子共同分享过去的一些美好片段，和孩子一起建立关于自己、关于家庭、关于将来的美好希望。给予孩子积极情绪的引导。

**（6）药物治疗的有效性**

到目前为止，还没有特定的药物可以治疗青少年的自伤行为。医生给予的药物治疗往往针对自伤相关的情绪、行为问题。其他问题的解决有利于孩子自伤行为的治疗。因此，和医生沟通，了解每种药物的治疗目标，及时报告药物的作用和副作用，及时配合医生调整用药，对孩子的总体康复有利。

（马金刚）

## 11 我的孩子很优秀，为啥沉迷手机和网络？

如今，网络科技飞速发展，常常听到家长抱怨自家孩子沉迷于网络不能自拔，为此伤透了脑筋。家长在抱怨的同时有没有思考这样一个问题：“为什么孩子总是沉迷于网络呢？”

**（1）缺少关爱，被忽视**

当孩子长期处于缺少关爱、被忽视的环境下，在现实生活中寻找不到的爱，只能通过网络来填补了现实中所缺少的关爱。

### (2)父母追求完美的心态,总是觉得孩子不够好

我们都听过渔夫和金鱼的故事,一个穷渔夫的老婆,利用一条小金鱼报恩的机会,不停地索取,先是要来不漏水的木盆,然后要来好衣服,要豪宅及一辈子花不完的钱,这些小金鱼都给了她。可是她仍然不满足,最后竟然要当女王。小金鱼不再理她,默默地游走了。

看到这个寓言故事的人都会嘲笑渔夫老婆的贪婪,可是在教育孩子的过程中,我们却不曾意识到自己正是充当了"贪婪"的人。孩子活泼好动,您说他过于顽皮;孩子喜欢表达,您觉得是个话痨;孩子体育很好,您说那有什么用,学习好才行;孩子考了98 分,您会责怪他为什么不能认真些拿到满分……我们常常习惯性地认为如果孩子再努力一些,再认真一些,再用功一些,就会变得更好了,父母这种求完美的心态,让孩子感觉到无论自己怎么努力都不够好。家长总是以自我的标准去要求孩子,处处挑剔,放大了孩子的缺点,给孩子提出更高的求,让孩子身堪重负。

(王亚丽)

## 12 父母如何预防孩子沉迷网络?

### (1)合理认识网络,网络不是洪水猛兽

如今越来越多的家长提到网络,就像是洪水猛兽,害怕孩子接触网络,不允许孩子玩,可是越不允许,孩子越玩,这是一种禁果效应心理。用通俗的话说就是越不允许,就越是想要尝试。

事实表明,反对和干涉孩子上网,实际上是对孩子上网欲望的鼓励和强化,无形中对他们沉溺网络起到了推波助澜的作用。有

的孩子表面上听从父母的话，却在背着父母偷偷地玩。

**(2)父母无条件接纳与理解**

幼年时代，父母无条件的爱就是给孩子打造一个安全岛，很多孩子之所以迷恋网络是因为，他们没有一个可靠的安全岛，他们被父母“遗弃”了，于是去网上构建新的、虚幻的安全岛。

美国心理学大师罗杰斯认为，对于一个幼儿来讲，父母的无条件积极关注是至关重要的成长因素。他们无条件地爱他，不向他提任何要求，也不谴责他，他们只是因为他是自己的孩子而爱他、呵护他，无论他有什么缺点。

如今，我们的生活离不开网络，网络并不是洪水猛兽，若让孩子与网络隔离已不现实，我们要正确地认识网络，在教育孩子过程放下完美心态，给予孩子无条件地接纳和理解，陪伴孩子健康快乐地成长。

（王亚丽）

## 13 孤独症是不治之症吗？

儿童孤独症（又称孤独谱系障碍）是一种较为严重的发育障碍性疾病，多起病于婴幼儿期，以社会交往障碍、语言和语言发育障碍、兴趣范围狭窄和重复刻板行为为主要特征。还常伴有其他一些非特异性问题，如害怕、恐怖、发怒和攻击、自伤、睡眠问题、进食紊乱等。其中自伤（咬、撞）较为常见，智商较低时表现更明显。孤独症的特征性症状表现形式随着年龄增长而有所变化，这种缺陷一直延续到成年，但可能会表现在更广的范围内。

日益增加的患病率也使得公众意识逐渐增强，且孤独症造成的社会功能障碍已经引起越来越多的重视。截至目前,孤独症的确切病因及发病机制仍不清楚,目前观点认为它是一个以遗传因素为主,遗传因素和环境因素相互作用而导致的结果。

那么,孤独症患儿应该如何治疗呢?不幸的是目前孤独症无根治的疗法。最有效的,也是最主要的方式仍是特殊教育训练,经过专业人员评估,医生与家长针对患儿制定个体化治疗方案,一般认为治疗的关键在于早期诊断、早期干预,一般认为年龄越小、效果越好,通过综合治疗从而促进患儿语言发育,提高社会交往能力,掌握基本生活技能和学习技能,提高他们在日常生活中的自理、认知、社会交往及适应社会的能力。

目前多主张采用综合性治疗的方法来干预孤独症患儿,以特殊教育训练和行为矫正为主,药物治疗为辅。强调因人而异、因材施教、以人为本的原则,最大限度地反映每位孤独症儿童的发展需要。常见的训练方法包括:①以促进人际关系为基础的疗法,包括地板时光疗法、人际关系发展干预疗法;②以技巧发展为基础的干预疗法,包括图片交换交流系统、行为分解训练法;③基于生理学的干预疗法:包括感觉统合训练、听觉统合训练、排毒治疗与膳食疗法;④个性化干预,如结构化教育;⑤综合疗法,孤独症以及相关障碍儿童治疗教育课程;⑥其他疗法,虚拟现实技术、电脑辅助治疗、音乐治疗、游戏治疗。在教育或训练过程中应该坚持3个原则:①对孩子行为宽容和理解;②异常行为的矫正;③特别能力的发现、培养和转化。药物治疗对核心症状没有效果,但药物的合理运用可以显著改善孤独症儿童的一些相关症状如攻击、兴奋、多动、注意力不集中、易激惹、重复行为和自伤行为,从而提高训练和教育效果。

孤独症的教育训练除了医生或治疗师的参与,家庭的社会经济状况及父母心态、环境或社会的支持和资源均对孩子的预后产生影响。特别向家长指出,必须敏锐地观察孤独症儿童的行为;想方设法理解孤独症儿童行为背后所表达的交流意义,在不能理解时应尽可能地表现宽容；对一切微小的有意义的交流行为给予甚至是夸张的应答；创造出“必须”的交流情景（如喝水时有杯无水），运用示范、提示、协助和模仿等手段帮助患儿表现交流行为，对已知意义的异常交流行为给予“有计划的忽视”。训练中大量运用行为塑造技术促进合作行为、交流行为、语言及其他良好行为，有计划地忽视患儿的生气哭闹、重复刻板行为；采用温和的手段惩罚其的攻击、自伤、危险和破坏行为。

得了孤独症就没有希望了吗？事实上，采用综合性教育和训练，辅以药物，孤独症儿童的预后可以有显著的改善，相当一部分儿童可能获得独立生活、学习和工作的能力，尤其是阿斯伯格综合征和高功能孤独症儿童。在对患者训练的同时，父母掌握有关知识，是目前孤独症教育和治疗的主要措施。父母需要接受事实，克服心理不平衡状况，妥善处理孩子的教育训练与父母生活工作的关系。化爱心、耐心、恒心为动力，积极投入到孩子的教育、训练和治疗活动中，并和医生建立长期的咨询合作关系。我相信，通过我们的努力，孤独症孩子一定会有一个灿烂的明天！

（杜亚松　刘文文）

# 14 孩子患了多动症怎么办?

多动症,又指注意缺陷多动障碍(ADHD),以注意力不集中、多动和冲动为主要临床表现,起病于幼年,全世界范围内儿童多动症的患病率已上升至10%,对学业生活、社会行为和认知功能等方面均构成一定程度的损害,而且引发日益突出的社会问题。

ADHD根据症状特点,分为注意力缺陷为主型、多动/冲动为主型、混合型3类。注意力缺陷为主型主要表现如下。①忽略细节:注意力缺陷的儿童对事物的感知往往停留在极为表面的程度,很难全面仔细地深入其中。②粗心犯错:由于注意力难以集中,容易分心,所以学习或做其他事时总是粗心大意,差错百出。考试时不检查核对、把本来正确的结果抄错等重复发生。丢三落四,经常把学习和游戏所需的物品弄丢或遗忘在别处。③持续做事(学习)困难:一件事没做完注意力就提前转移,好像是被另一件事所吸引而对正做的事失去了兴趣,频繁地从一种活动转向另一种活动,结果任何一项活动都不能进行到底。④似乎充耳不闻:对别人说的话似听非听,对父母和老师的批评总是左耳朵进右耳朵出,难以服从指令完成任务,甚至给人耳朵有问题的感觉。⑤不能有始有终和不能完成工作:患注意力缺陷的儿童很难较长时间维持注意去从事某项活动,做事往往有始无终,不能完成老师和父母分配的任务。这些孩子可能会参加许多活动,但是最终完成的却很少或几乎没有。他们可能充满热情地开始某些计划,然而却无法坚持完成。⑥避免或非常不喜欢需持续注意的任务:这些孩子对学习和其他有一定压力或要求(需要持续注意)的任务难以长时保持注意,常表现出厌恶和逃避的情绪与行为,但他们对兴趣很高或刺激非常强烈的活动（比如看电视或玩电脑游戏等）也能集中精神，甚至沉醉于其中。⑦容易注意力涣散和易忘事：大多数孩子在特定情况下都会注意力不集中，这是很正常的现象。然而，注意力缺陷儿童却会经常走神。他们很难做到专心做作业、听从教导、服从指挥、专心听讲和记住家长的建议等，而经常处于空想状态。健忘是这类孩子的另一个特征。他们经常把东西放错地方，或把完成了的作业忘在家里。他们不会记得父母和老师对他们说的话，即使被大声斥责以后。

多动/冲动为主型主要表现：①活动多，课堂上小动作不断，坐着时经常觉得会局促不安，玩手或玩脚，或是不断扭动身体，手里总是摆弄东西或者交头接耳地和别人说话，做事经常不假思索；在需要坐着的状况下常常会站起来，或课堂中离开椅子；在不适当的场合下，会到处乱跑或过度活跃（若是青少年或成人，则是觉得坐立不安）；很难安静地玩乐或工作，总是静不下来，永远都在进行一些事，或是动个不停；极度爱讲话。②不会三思而后行，经常冲动说出答案，别人问题未问完，就急着说出答案；无法等待轮到他；常常在不适当的状况下打断事情/对话的进行。混合型的主要表现为注意力缺陷、多动/冲动都占有重要比重，并不以其中一项为主。

一旦在专业的医疗机构确诊为 ADHD，应该怎么办呢？家长不要惊慌，医生会根据孩子的年龄、症状严重情况、身体状况等评估是否需要药物治疗，并会对药物如何使用、不良反应、服药周期及加药、减药、停药等注意事项进行介绍，服药后要按时随访，让医生掌握孩子用药后的变化，及时调整方案。

除了药物治疗,家庭作为儿童成长过程中最重要的环境因素,对 ADHD 症状的发生、发展及结局都具有重要影响。有哪些非药物治疗方法呢?目前主要的家庭干预技术包括家长培训、家庭治疗及其他联合治疗。家长培训通过培训者对多动症儿童的父母进行科学系统的指导,让父母能更好地管理和引导孩子。培训者指导父母采取特定的策略,对患儿的不良行为逐一进行干预,以达到减轻或消除不良行为的目的。培训内容主要为纠正家长固有的教育理念,使家长掌握有关疾病的知识和有效的教养方法,减轻家长心理压力,恢复家长信心,改善亲子关系和缓解家庭矛盾。家庭治疗需要在专业的治疗师的帮助下,帮助解决家庭问题,梳理成员关系,重塑家庭结构,让每个家庭成员,尤其是孩子能够感受到家庭的紊乱,恢复自尊心和自信心,变得积极健康。

另外,学校作为孩子另外一个重要场所,帮助 ADHD 的孩子主要工作体现在医教结合。医教结合是将家庭养育、学校教育、医学干预等各个方面相互连接,搭出平台,通过综合康复、多重干预、优势激发等手段,帮助孩子健康快乐地成长。主要做法是临床心理医生、学校心理学家和教育实践工作者三方协同,发挥各自优势。临床心理医生承担鉴别诊断和少数对象的药物治疗;学校心理学家负责整个干预方案设计和实施,重点是对学校干预和家庭干预的指导;校长和教师(包括学校心理辅导老师和班主任)具体实施。学校积极组织,措施具体,强调目标行为的单一性、可操作性和典型性。积极开展团体辅导,是通过同质群体的游戏活动,提高 ADHD 儿童的自我控制能力和集中注意能力。

目前对于 ADHD 的治疗方法相对成熟,医生、家长、学校三方联合,孩子的症状是可以消失的。

(杜亚松　刘文文)

# 15 多动症患者需要服药吗?

对于确诊了多动症,并且症状影响孩子的学习效率、学业成绩、课堂纪律、伙伴关系、亲子关系和其他社会活动时,常用的治疗方法根据人群可分为:6 岁以下的学龄前儿童,首选心理行为干预,无效的情况下才慎重考虑药物干预;6 岁以上的学龄儿童,药物是治疗计划中的基础,首选药物治疗,联合一些有效的非药物治疗(父母培训、团体治疗、行为干预等)。

为什么一定要用药物治疗呢?这是因为多动症患儿脑内神经递质失去平衡,需要通过药物调整神经递质浓度,使其重新恢复平衡状态。目前国内药物的选择主要有两种:兴奋剂哌甲酯和非兴奋剂托莫西汀,他们可以提高大脑突触间隙内的多巴胺和去甲肾上腺素水平,进而提高注意力、改善分心、降低多动冲动、稳定情绪等。所有批准用于治疗多动症的药物,在医生的指导下规范使用,均不会造成药物成瘾或药物依赖。虽然药物肯定存在一定的副作用,但大量事实证据表明,接受药物规范治疗的多动症儿童相比未接受药物治疗的多动症儿童,其大脑功能的发展状况恢复得要好。换言之,药物并不会损害大脑,多动症本身会损害大脑。

服用兴奋剂哌甲酯治疗的话,家长和老师会在药物使用后的 30 ~ 90 分钟看到效果,具体时间与孩子服用的剂量及药物的剂型有关系。尽管如此,如果孩子服用的治疗剂量过低,那么可能药物对于多动症症状起不到明显的作用。如果服用非兴奋剂托莫西汀治疗的话,有的孩子可能在服药 1 周内就能出现明显的改善,当然很多孩子即使治疗剂量恰当,也仍然需要数周的时间逐渐达到最明显的效果。当使用多动症药物开始治疗之后,很多症状可能都随之得到缓解，如果残留几项顽固不化的症状，也是常见的。这种情况下，可能需要坚持使用药物治疗直至成人期，帮助他们控制症状。很重要的一点是，无论使用哪种药物治疗，均不要漏服任何一顿药物，因为任何一次漏服药物，都会让孩子失去了药物的治疗保护作用，而让多动症症状重新席卷而来。

药物治疗对70%～80%的多动症儿童有效，药物有效只是意味着能缓解多动症的注意力不集中、多动、冲动、攻击、对抗等症状，并不意味着能够解决这些症状所带来的问题引发的相关问题，例如学习困难导致的学习动力不足，注意力不集中导致的学习习惯不好、学习能力下降，冲动鲁莽的特点导致的人际关系差、情绪管理不良等。因此，一方面通过药物控制多动症症状，另一方面联合心理行为治疗，学习对抗多动症的技巧和策略，同时家庭、学校、医生共同参与帮助孩子们在学校、家里、社会公共场合表现出更好的行为。

因此，药物治疗是多动症孩子症状改善的“助推剂”，不是洪水猛兽，是否服药及如何监管，结合医生建议，同时合并综合的治疗方法，多动症孩子会成为受欢迎的孩子。

（杜亚松　刘文文）

## 16 假期期间，多动症患者可以停止服药吗？

对于多动症患儿治疗中药物假日的利弊目前尚存在争议。之所以提出多动症患者假期停药，可能是由于以下几方面的原因：①减轻持续用药的不良反应和药物剂量增加的耐受性；②可以检测一段时间治疗后的药物疗效；③缓解药物不良反应，如入睡困难、食欲下降、血压升高等；④使患儿恢复正常生活，从对每日用药的“依赖”中恢复正常生活；⑤减少家长对药物不良反应的担心；⑥儿童未在校时，使他们对药物的需要减少。

然而，大部分医生都会建议孩子持续使用多动症药物，因为，多动症症状不仅在学校发生，也可在家中和公共场所发生，不仅要注意学习，而且还要注意其行为、人际关系和社会活动等方面，尤其当多动症症状明显影响了孩子在校之外的表现时，比如说：孩子生活作息缺乏规律，不听从家长指令，心不在焉，从而影响亲子关系；完成假期作业比较拖沓，从而导致假期玩也玩不好，学也学不好；说话脱口而出，缺乏耐心等待，影响和玩伴之间的社交关系；做事鲁莽冲动，虎头蛇尾，缺乏安全意识，做事不计后果，可能会导致自己受伤；青春期的孩子容易在骑车、聚会等过程中发生危险行为。如果存在这些问题，更应该无论上学放假，都坚持每天服药，有助于多动症患者在完成认知活动任务时保持良好的注意力，提高学习生活功能。

当然，以下情况出现时医生可能会给出在假期停药的建议：如果患儿已经持续治疗了较长的时间（如 1 ~ 2 年），症状一直改善得非常理想，医生可能会建议暂时停药，以观察患儿是否在不用药的时候仍然表现理想；如果患儿在用药治疗的时候副作用非常明显，难以耐受，那么医生可能会建议假期停药以缓解药物带来的副作用；如果患儿近期治疗效果一直欠佳，而医生已经尝试了调整药物剂量等方法，仍难以改善药物治疗的效果，那么可能假期停药，恢复药物的敏感性，或者假期停用目前正在使用的药物，调整为另一种药物。

在假期，还可以通过行为训练来进一步改善孩子的注意力。比如在写作业方面可以试着这样做：①将当天的作业按照完成每部分所需要时间如 15 ~ 20 分钟的内容，分割成若干个部分。②每部分作业完成后安排 5 ~ 10 分钟的休息活动，例如吃点小零食，和家里宠物玩一会儿，看看花花草草等。注意要避免看电视和玩手机。③计划好每部分作业开始和结束的时间。④设定闹钟，让孩子开始一次次尝试与闹钟赛跑，争取在铃声响起来之前完成该时间内计划的任务。通过家长陪伴练习时间计划和执行能力，帮助孩子管理好自己的学习生活。此外，运动可以促进孩子的专注程度及情绪管理能力，甚至可以帮助多动症孩子减少药物的使用剂量。恰当的运动能促进大脑分泌多巴胺，能够促进愉悦情绪的感知，多巴胺是多动症患儿大脑里缺乏的神经递质之一。针对注意力不集中、多动、冲动的孩子而言，可能以下运动的益处更明显一些，家长可以酌情参考，多安排点这类运动的时间，比如：体操、跑步、球类、游泳、武术、拳击。

所以，对于假期期间多动症孩子是否可以停止服药的问题，不能一概而论，要根据具体每个孩子的实际情况、医生的分析和建议来做决定。

（杜亚松　刘文文）

## 17　多动症患者是不是智力差？

多动症患儿在学习过程中有注意力不集中、多动、厌学，学习成绩没有预想的好，情绪容易不稳定，不能与同学良好相处等表现，家长往往有个疑问：多动症儿童是不是智力差？

目前在临床、科研等工作中，常用到的测量智商的工具是韦氏智力测验第四版，该工具是在认知心理学的基础上建立起来的，它将传统的智力分为两大类。①一般能力指数：更接近既往的智力概念，包括言语理解分量表（接近既往所认识的言语智商）和知觉推理（接近于既往所认识的非言语智商）。②个体的认知效率：包

含了工作记忆和加工效率两个主要测量维度，反映个体在接收、加工、处理信息的效率。研究显示，与健康发育儿童相比，虽然两者在一般认知能力指数的表现基本相同，但是，相比于健康发育儿童，多动症儿童存在认知效率的缺陷，以工作记忆能力的相对不足和加工速度的相对迟缓为主要特点。根据认知效率指数是个体在处理信息时的能力和速度的表现这一方面，解释了多动症儿童在日常生活、学校学习等环境中确实存在接受信息的困难、理解能力的下降，日常生活中不能及时完成任务，以及其他与儿童的外化行为、学习能力、冲动表现和多动程度相关。

也有研究显示，多动症儿童的总体认知能力及各项因子如言语理解、知觉推理、工作记忆和心理加工均在正常范围，但低于平均水平。多动症儿童智商较低，也可能与在评估智商的测试时，临床出现的注意力不集中、多动、冲动等症状影响智力的潜能发挥有关，并且在儿童测试过程中注意力涣散、容易被周围事物吸引也会影响智力测试结果。同时，多动症儿童存在认知抑制和行为抑制缺陷，比如多动症儿童对无效信息的过滤能力下降，对干扰物抑制能力不足，从而导致进入工作记忆的无效信息增多，注意力不集中，引起学习困难。相比智商更低的多动症儿童，智商较高的多动症儿童的学习任务受损程度更轻一些。

对于多动症儿童来说，部分智商因子相比正常发育儿童偏低，也并不是说多动症儿童就一定会表现差，相反，部分多动症儿童也有优势所在，比如：在创造力、逻辑思维和推理能力等方面优于非多动症儿童，对于那些具有喜欢发现新鲜事物、爱冒险、不依循惯例等特质的孩子来说，是许多需要创意的职业所重视和要求的先决条件，并且多动症儿童喜爱体能运动，具有表现肢体与表情的天赋，这些是表演、舞蹈、运动等领域所需要具备的能力。另外，在社交方面，社交技能训练与辅导性的集体娱乐活动相结合，可以支持多动症儿童在日常交往中掌握积极的社交技能，而社交技能的改善是多动症儿童融入周围环境，包括学校和同伴群体的重要手段。

因此，对于多动症儿童来说，药物行为干预、保护性因素的作用、优势领域的开发是治疗多动症的3个主要的维度，在降低儿童相关方面缺陷的同时识别和培养儿童的优势，以增强他们的参与度、动机水平和自我价值感，争取将多动症这一疾病对儿童的损害降到最低。

（杜亚松　刘文文）

## 18 成人会患多动症吗？

在国内，对于成人多动症的提出，最早可追溯到1996年，杜亚松教授在《成人多动症的研究现状》一文中曾对成人多动症临床特征做一描述。实际上，成人多动症的临床表现虽然类似于儿童多动症，但是我们认为它是儿童多动症远期结局的组成部分。随着近年来越来越多的学者关注于此，对于成人多动症的研究也进一步深入。

国外的一项研究表明精神病患者中按DSM-Ⅳ标准成人多动症的患病率为15.8%，较正常人群高。目前国内尚缺少成人多动症患病率的调查。成人多动症的诊断标准包括：①有儿童多动症的病史，符合DSM-Ⅳ中多动症标准；②症状持续存在，成人期症状仍然符合DSM-Ⅳ中多动症标准，并显著影响患者的社会功能；

③没有其他疾病可以解释患者的症状。

如果成人患有多动症,有哪些表现呢?在社会生活工作中主要表现如下。①注意力不集中:易分心、迷失自我,过度的精神游荡而难以思考和制订计划,但在非常有趣或提供即时满足感的活动中比如电脑游戏、浏览网页、网上聊天等,能以一种非常专注的方式持续数小时。②多动:成人多动症不像儿童多动症那样小动作多,在成人的特点是内心不安感或躁动,无休止的精神活动,不能注意细节,很难遵从指令且完不成工作。③冲动:冲动行为及与之相关的人际冲突往往会对与家人、朋友、同事和上司的关系产生影响,行为鲁莽草率,常伴有缺乏自律性的情感表达,如易怒、沮丧,挫折承受力低,脾气爆发,情绪冲动和情绪不稳定。④执行功能缺陷:在成人中,这方面的异常主要表现为在完成一项任务时,不能正常按照安排启动工作,在组织、确定优先次序中表现混乱,容易分心,不能适当地调节工作中的警觉性、持续努力程度及紧迫感。⑤共病精神障碍:研究显示成人多动症患者容易合并双相情感障碍、抑郁障碍、恶劣心境、焦虑障碍、物质滥用、人格障碍等精神疾病。

患有多动症的成人在生活中常见的困难有哪些呢?包括:学习困难(往往难以完成学业)、工作成绩不佳(频繁跳槽)、慢性疲劳,进而引起经济问题;甚至婚姻破裂、赌博、暴力、性疾病的传播、网瘾、车祸等。此外,由于不规律的生活方式、不良的饮食和睡眠习惯、慢性疲劳及缺乏后续保健,身体失调和疾病可能成为慢性病。但患有多动症的高功能成年人在日常生活中可能不会出现典型的功能障碍。比如说,适应性或补偿性技能的发展可以掩盖与多动症相关的行为问题,甚至有些人可能会找到非常适合他们症状的工作。

所以,成人也会存在多动症这一疾病,成人多动症的群体中患者应及时干预,争取减少对社会生活功能的损害。

(杜亚松　刘文文)